JN036929

DNAとはなんだろう

「ほぼ正確」に遺伝情報をコピーする巧妙なからくり

武村政春　著

ブルーバックス

カバー装幀／五十嵐徹（芦澤泰偉事務所）
カバーイラスト／カワイハルナ
本文イラスト／永美ハルオ
本文デザイン・図版制作／鈴木颯八

はじめに——DNAはほんとうに「生物の設計図」なのか？

二〇二〇年の初頭から全世界を揺るがした新型コロナウイルス感染症は、社会に大きな変革を巻き起こした。「オンライン」や「リモートワーク」といった言葉が毎日のように飛び交い、「自粛警察」「黙食」「マスク会食」などといった新たな言葉も生まれた。経済は停滞し、教育現場は混乱し、そして僕が属するウイルス関係の学界も、ただただコロナウイルス研究のみが劇的に進み、その他のウイルス研究は遅滞したように思えた。

そのなかで、最もよく口にし、目にし、耳にした言葉の一つが「コロナ禍《か》」という言葉であった。その名のとおり、世の人々は、今回のパンデミックをただただ「禍《わざわい》」であると見なし、コロナウイルス憎しの感情を押し隠すことなく披瀝《ひれき》してきた。

しかし、今回のパンデミックは、果たしてほんとうに人間たちに「禍」のみをもたらしたのだろうか。

今回のパンデミックで、ほぼすべての人間たちが脳裏に叩き込まれた生物学用語がある。「PCR」と「メッセンジャーRNA」という言葉だ。両方とも、日本の場合なら高校の生物の教科書に出てくる言葉だけれども、生命科学関連の仕事に就かない多くの人にとっては、その後は

「忘れてしまう」言葉だし、ひと昔前の高校で生物を選択しなかった人なら、一生、耳にすることのない言葉だっただろう。

しかし現在、この二つの言葉は、未曾有のパンデミックを生き残るのに必要不可欠な言葉へと劇的に〈進化〉した。そしてほとんどの日本人は、おそらくこう思っている。

——PCRは新型コロナウイルスの検査に使われる方法であり、メッセンジャーRNAは新型コロナウイルスに対するワクチンである、と。

PCRはいったい、新型コロナウイルスの「なにを」検査するのか。メッセンジャーRNAの「メッセンジャー」とはいったいどういうもので、なぜそれがワクチンとなったのか。

このことを理解し、さらにその奥に広がる「生物のしくみ」を知ることは、パンデミックを生き延びるだけではなく、人間たちがこれからの「ウイルスとの共生社会」を生きていくうえでも、おそらく重要な糧となるだろう。そして、そのしくみのキーワードこそ、「DNA」に他ならない。

DNAとは、生物や一部のウイルス（DNAウイルス）に特有の、いわゆる生物の〈設計図〉の一つであり、通常はタンパク質をつくるための情報、そしてRNAをつくるための情報を担う物質である。こうしたタンパク質やRNAをつくるための情報は「遺伝子」とよばれ、DNAはその「本体である」といわれる。

ＤＮＡは、生物の体をつくるのに重要なだけでなく、その生物（そしてウイルス）がそこにいるかどうか、あるいはそれがかつてそこにいたかどうかを、人間たちがＰＣＲによって「検出」するターゲットにもなる。その意味で、ＤＮＡはもはや、生物学的な存在を通り越して、社会的な存在になっているともいえる。

その〈設計図〉のことを僕たち人間は「遺伝子」とよび、「遺伝子の本体はＤＮＡである」などと授業で学ぶわけだ。しかし、ここで一度、冷静になってあらためて考えてみることにしよう。

ＤＮＡというのは、ほんとうにただそれだけの存在なのだろうか。ほんとうにＤＮＡは、生物の〈設計図〉にすぎず、はかになんの役割ももたないものなのだろうか。生物の設計図としての役割以外に、この地球生態系における他の役割を担ってはいないのだろうか。

いや、そもそもＤＮＡは、〈ほんとうに生物の設計図なのだろうか〉。ＤＮＡは、いったいどのようにしてこの地球上に誕生したのだろうか。

これらの疑問は、要するに「そもそも論」である。そもそも、ＤＮＡとはいったい、どういう物質であって、いかにして生物たちの〈設計図〉たりえたのか。そしてＤＮＡは、僕たちの知らないところで、どのような〈行動〉をとっているのか。

ＤＮＡを知れば、ＰＣＲのこともメッセンジャーＲＮＡのことも、そしてこれからの僕たちの未来についても、理解できるようになるはずだ。

「遺伝子」や遺伝子以外の「非コードDNA」など、物質としてのDNAがもつさまざまな「情報」の謎に迫った本は、これまでのブルーバックスにもいくつかあるが、DNAの「そもそも論」まで踏み込んだものはほとんどない。それはもはや、研究者が頭の中で考えていることをぶちまける類いのもので、エビデンスベースの説明はその半分ほどにすぎないわけだが、そうした観点であらためてDNAを見つめなおすことには、〈常識にとらわれない見方〉を想起する意味があると、僕はそう思っている。

そんなわけで、本書では、DNAをさまざまな観点から、じっくりと紐解いていきたいと思う。

武村 政春

DNAとはなんだろう

もくじ

第1部

引き継がれるDNA

引き継がれるDNA
引き継がれるDNA

生物の体は、おもに僕たちが「タンパク質」とよぶ物質からできている。そのタンパク質からできた〝容《い》れ物〟である「細胞」の中には、僕たちが「ＤＮＡ」とよぶ細長い物質が、みっちりと収められている。ＤＮＡというのは、僕たち生物にとってきわめて大切な物質である。僕たちが今ここにいられるのは、ＤＮＡをもっているからこそなのだから。

そして、ＤＮＡといえば「遺伝子」である。古今東西の生物学者たちが一〇〇年以上にもわたって研究してきた帰結として、遺伝子は生物のもつ性質や特徴、行動のあらゆる面に影響を及ぼし、あるいは一からつくりあげているものであることに、おそらく議論の余地はない。

ヒトにはヒト特有のＤＮＡがあるから、その受精卵は長じてヒトになるわけだし、最近まで（そして今もなお）僕たちを大いに苦しめているコロナウイルスにもまた、彼ら特有の遺伝子があるからこそ（ただし、ＤＮＡではなくＲＮＡ）、それをＰＣＲで検出することができる。

「遺伝」という言葉が入っていることからもわかるように、遺伝子とは親から子へ、そして子から孫へと、代々引き継がれていくものである、と僕たちは理解している。自分が父親に似ていること、祖母に似ていること、曾祖父に似ていること。そして自分の子が「自分のこういうところに似ているなあ」と実感すること。日々の生活にはさまざまに、家族が家族であると感じる瞬間が往々にしてある。そして、それらのほとんどが、おそらくＤＮＡのせいなのだ。

引き継がれるＤＮＡ——。それが、本書の幕開けとなる第１部のキーワードである。

第1章

DNAと遺伝子
――まずは「基本」を押さえよう

本書は、DNAに関する本だから教科書的かと思いきや、じつはその内容はまったく教科書的ではない。

著者である僕としては、DNAに関するこれまでの常識をひっくり返そうというくらいの気概をもって書いた本だから、DNAのことをご存じない方や、この本を取っかかりにして勉強しようぜ、という方にとっては、最初からおかしな本を読まされることによってDNAに対する大いなる誤解を招きかねない〝恐ろしい本〟になっている可能性がある。

したがって、まずはDNAの「基本」を押さえておこうと思う。教科書的な部分はこの最初の章で出し切ってしまって、いざ本題へと読者諸賢を誘おうと、そういうわけである。

DNAの発見

DNAといえば、ジェームズ・ワトソン（一九二八年〜）とフランシス・クリック（一九一六〜二〇〇四年）という二人の科学者の名前を思い起こす人が多いだろう（図1－1上）。よく、「DNAの発見者」をワトソンとクリックだと勘違いしている人がいるが、そうではない。ワトソンとクリックは、DNAの構造が「二重らせん」になっていることを発見したのであって、DNAそのものを最初に発見したのはフリードリヒ・ミーシャー（一八四四〜一八九五年）という一九世紀の科学者である（図1－1下左）。

ミーシャーは、戦傷兵の体に巻きついていた包帯に付着した膿《うみ》、すなわち白血球の「核」から、元素の一種であるリン（P）を含む新しい物質を見つけて、これを「核から見つけた物質」という意味で「ヌクレイン」と名付けた人物だ。なんとも泥臭い仕事だが、そういう地道な研究がのちの学問の発展に貢献するという典型的な例だろう。

ミーシャーによるヌクレインの発見は、一八六九年のことである。

このヌクレインがのちに、僕たちが肉眼で見ることができる生物（真核生物）の細胞の中に居

図1-1 **ワトソン（上左）とクリック（上右）**（Science Source／アフロ）、**ミーシャー（下左）**（Science Photo Library／アフロ）、**エイヴリー（下右）**（Science Photo Library／アフロ）

座っている「核」、いわゆる「細胞核」に存在する酸性物質という意味で、「核酸」とよばれるようになる。そして二〇世紀に入ると、その核酸に組成が異なる二種類のもの、すなわち「RNA」と「DNA」があることがわかってくる。

二〇世紀の前半には、染色体の上に「遺伝子とよばれるなにか」があることはすでに知られていたが、DNAと遺伝子との関係はまだわかっていなかった。

遺伝子については、その本体は「タンパク質かDNAか」という議論が科学者のあいだで交わされており、二〇世紀の前半までは、著名な科学者を含め、「遺伝子の本体はタンパク質（もしくはそれを含むなにか）だろう」という考えが優勢だった。この議論に決着をつけたのは、オズワルド・エイヴリー（一八七七〜一九五五年）という科学者である（図1-1下右）。

エイヴリーは、肺炎双球菌（現在では「肺炎球菌」とよばれている）という細菌を使った実験で、この細菌のタンパク質、DNA、RNAをそれぞれ分解したとき、実験動物に病気をもたらす形質（正確には、病原性のない細菌を病原性のある細菌に変える、すなわち「形質転換」する能力）がどうなるかを調べ、DNAを分解したときだけ、その性質がなくなることを見つけた。つまり、肺炎双球菌の「遺伝子」の本体はDNAだ、と結論付けられたのだ。

この結論は、一九五二年のアルフレッド・ハーシー（一九〇八〜一九九七年）とマーサ・チェイス（一九二七〜二〇〇三年）による放射性同位元素を用いた実験によって、さらに決定的となった。このときハーシーとチェイスが使ったのは、「バクテリオファージ」というバクテリア（細菌）に感染するウイルスである。バクテリオファージのDNAとタンパク質にそれぞれ放射性同位元素の標識をつけ、次世代にどちらが伝わるかを実験したところ、DNAにつけた標識だけが引き継がれることがわかったのだった。

その翌年の一九五三年、ワトソンとクリック、そしてモーリス・ウィルキンス（一九一六〜二〇〇四年）とロザリンド・フランクリン（一九二〇〜一九五八年）らによってDNAの構造が解明された。そして構造が明らかになったとき、DNAが遺伝子の本体として、どのように細胞から細胞へ、世代から世代へと「遺伝」していくのか、その「複製」の本質も明らかになったのである。

DNAの構造――なぜ「二重らせん」か？

DNAとは、「デオキシリボ核酸」の略称である。よく知られているように、DNAは「二重らせん」構造を呈している。

「らせん」という言葉を聞いてホラー小説を思い浮かべる方は、ジャパニーズ・ホラー好きの僕と同類だと思われるので嬉しいのだけれど、ここでは自然界におけるDNAの構造の美しさを強調したい。DNAの「二重らせん」は、その名のとおり、二本のDNAが抱きついて二重にな

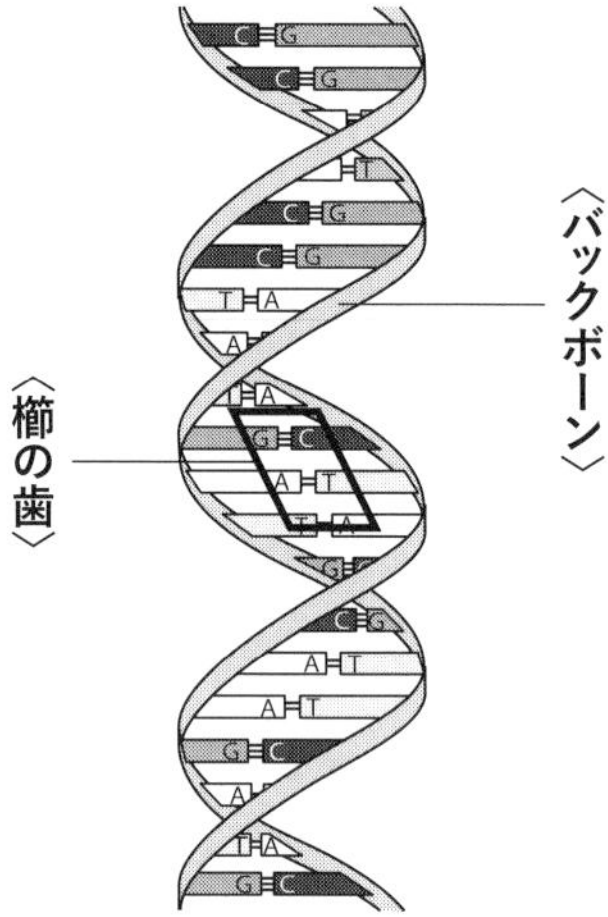

図1-2 DNAの二重らせん構造
塩基対は〈櫛の歯〉のように見え、リン酸とヌクレオチドの並びは〈バックボーン〉をつくっている

り、さらにらせん階段のようにねじれているのである（図1－2）。

DNAはなぜ、このような構造をしているのだろう。

一本のDNAは、「ヌクレオチド」（正確には「デオキシリボヌクレオチド」という）という物質が、鎖の輪がつながるかのように、たくさんつながってできている。そしてヌクレオチドは、リン酸、糖、塩基という三つのパーツからできている。

ヌクレオチドのパーツのうち、「糖」は炭素原子が五つある「五炭糖」とよばれる種類のもので、DNAの場合は「デオキシリボース」という名がついている。

また、「塩基」（酸・塩基の塩基と区別するため「核酸塩基」ともいう）には四種類あり、それぞれ「アデニン（A）」「グアニン（G）」「シトシン（C）」「チミン（T）」とよばれている（図1－3上）。

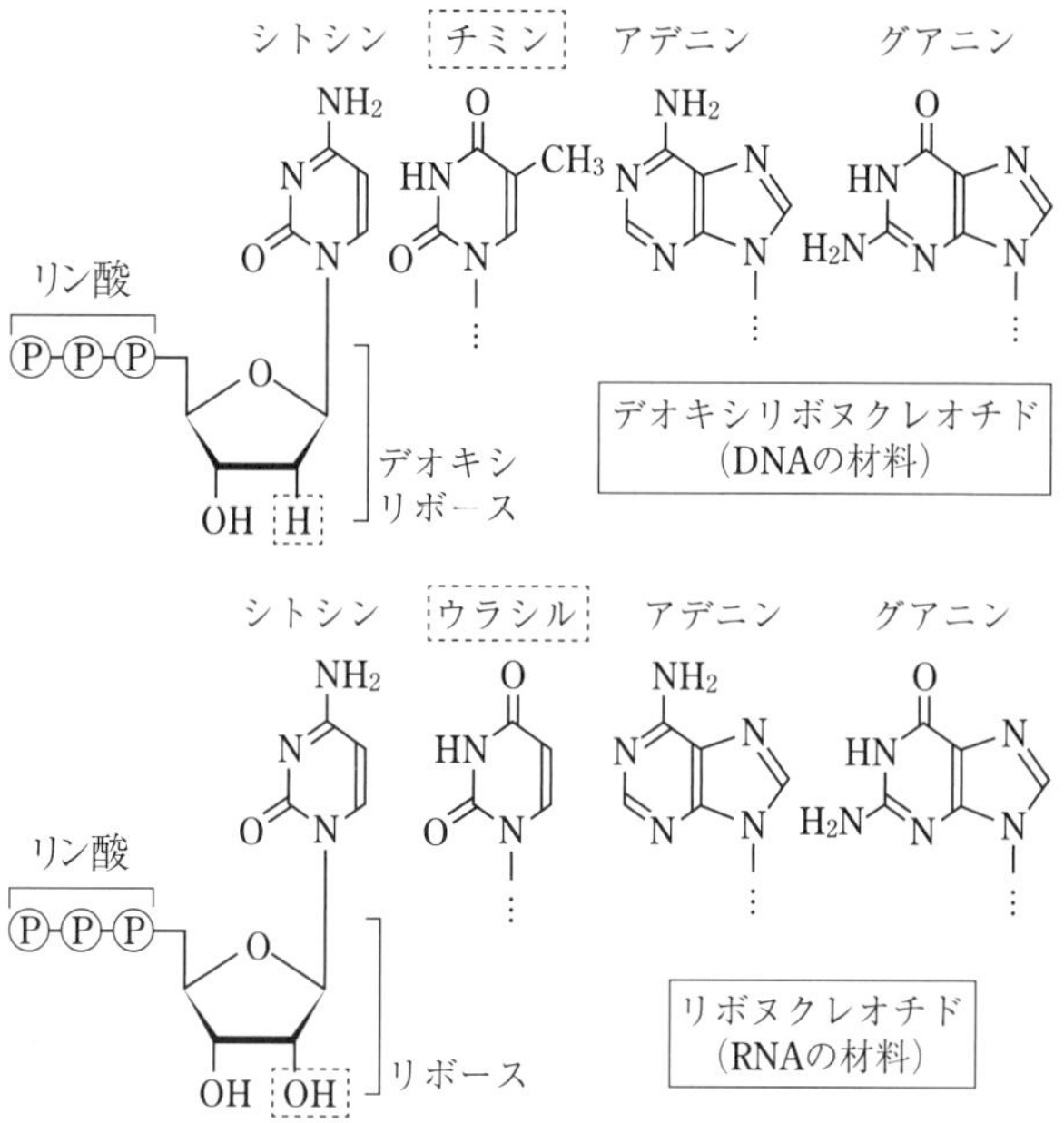

図1-3 ヌクレオチドの構造

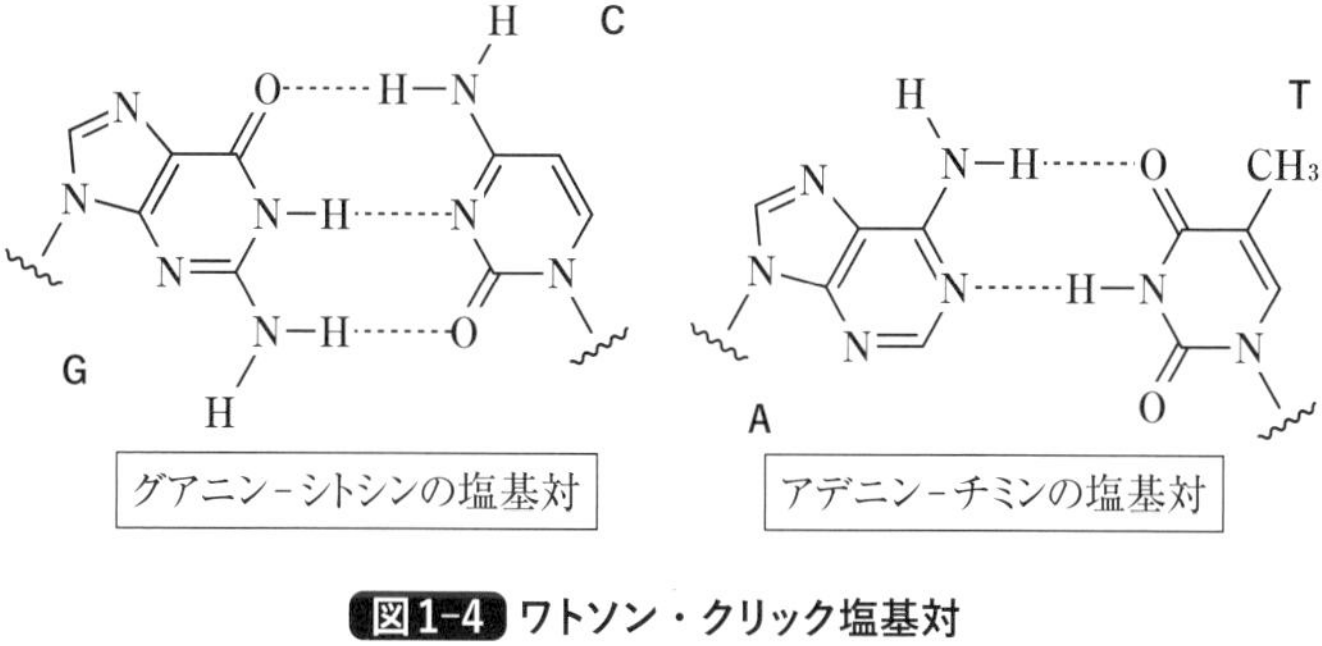

図1-4 ワトソン・クリック塩基対

そして、「リン酸」と「デオキシリボース」が交互につながって一本のDNAの〈バックボーン〉（背骨みたいなもの）をつくっており、塩基はそれぞれのヌクレオチドから横に飛び出した〈櫛の歯〉のような状態になっている（図1-2）。こうして、一本のDNAができあがる。

この〈櫛の歯〉である塩基には、「相補性」という性質がある。「あいおぎなう性質」というその言葉の意味するところは、AとT、GとCが、それぞれ水素結合によって対面するということだ（図1-2）。このような塩基の対面構造を「塩基対《つい》」といい、AとT、およびGとCのペアのことを「ワトソン・クリック塩基対」という（図1-4）。

この塩基対が、細長いDNAのすべての塩基と、それと対面するもう一本のDNAの塩基とのあいだにつくられることによって、二本の細長いDNAが抱きつくことになる（じつは、なかには「フーグスティーン塩基対」というちょっと変わった塩基対もあるのだが、それについては第3章末尾の「コラム」で述べる）。このようにして互いに抱きついた二本のDNAがどうして「らせん」になるかというと、ヌクレオチドや塩基対、そしてそれらがつながってできたDNAの内部における分子と分子とのあいだの結びつきのバランスが、ちょうどよい状態に保たれるのが「二重らせん」構造だからである。

たとえば塩基対は、DNA全体から見ると〝はしご〟のように積み重なって〈らせん階段〉をつくりあげているわけだが、この塩基対と塩基対、すなわち〈階段〉と〈階段〉のあいだにはたらく相互作用は、その距離がおよそ〇・三四ナノメートル（三・四オングストローム）となり、〈階段〉が少しずつ角度がズレて積み重なるときに、最もよい状態となる。

　こうした相互作用がＤＮＡの各所で最適化された結果として、抱きついた二本のＤＮＡは、全体として美しい「らせん」構造を形成するのである。

DNAの複製――生命の本質

　この美しい二重らせん構造をつくりあげる基本ともいえる「塩基の相補性」という性質は、ＤＮＡ最大の特徴でもある。同時に、みごとなまでにシステム化された「複製」をおこなうために、最も必要な性質であるともいえる。

　複製といっても、ロゼッタストーンの複製とか、モナ・リザの複製とかいう場合の、いわゆるレプリカのことではない。ＤＮＡの複製は、まったく同じものをもう一つつくる、純然たる化学反応である。

　先ほども述べたように、ＤＮＡは、塩基が〈櫛の歯〉のように横に飛び出たものだから、その飛び出た部分だけをクローズアップしてみると、四種類の塩基が横にずらりと並んだ「塩基配列」になっていることがわかる。ある一本のＤＮＡの塩基配列があるとすれば、それと相補的に結合する相手、つまり、抱きつくもう一本のＤＮＡの塩基配列は、塩基の相補性によって自動的に決まる。「ATGCGC」という塩基配列の相補的な相手は、必然的に「TACGCG」になるということだ。

これが、DNAの複製の根本原理である。

DNAの複製は、おおむね以下のようにおこなわれる。

まず、二重らせんになっていた二本のDNAが、いちゃついたカップルが無理やり引き離されるがごとく、一本ずつにほどくという現象が起こる。その後、それぞれの一本鎖DNA（DNAは、ヌクレオチドが鎖のようにつながったものなので、こうした場合によく「鎖」と表現する）に対して、相補的な塩基をもったヌクレオチドが次々に置かれて塩基対が形成されていき、その結果、自動的に元の塩基配列が再現されるようにして、元のDNAとまったく同じ塩基配列をもったDNAが二本できあがる（図1－5）。この、ヌクレオチドを次々に置いていく化学反応を司《つかさど》るのは、「DNAポリメラーゼ」というタンパク質である。

ごく簡単に述べたが、DNAの複製は、DNAの本質、ひいては「生命の本質」を表現するためのしくみであるといってよく、実際には非常に複雑な反応である。第2章でさらに詳しく紹介する。

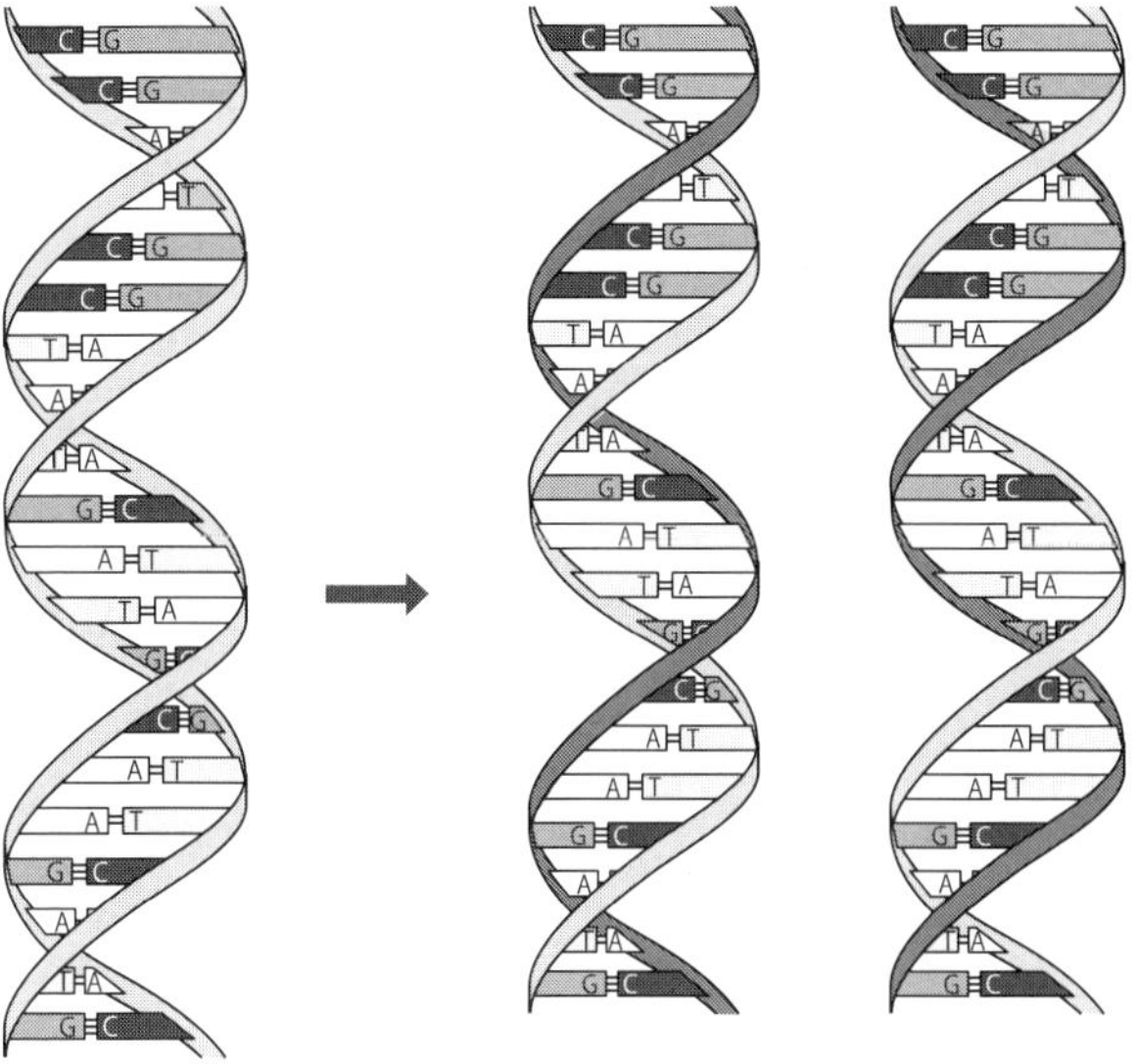

DNAは複製されるためにある?

図1-5 DNAは複製される

DNAはどこにあるのか

　第3部でもさまざまな側面から掘り下げることになるが、生命の本質ともいうべきDNAが「いったいどこにあるのか」という問いは、じつは想像以上に重要である。

　僕たちのような真核生物――つまり細胞の中に核（細胞核）が存在する生物――の場合、DNAはその細胞核の中にある。いうなれば、細胞核というのはDNAの〈御座所《おましどころ》〉であるということだ。

　細胞の中で呼吸を司る「ミトコンドリア」や、光合成をおこなう植物細胞に存在する「葉緑体」にも、それぞれ独自のDNAはあるが、それは彼らがかつてバクテリアだった頃の名残《なごり》であるから、細胞核のDNAに比べると量的にはごくわずかである。

細胞核の中にあるDNAは、二重らせん構造が〈裸のまま〉むき出しになっているわけではない。DNAは、「ヒストン」というタンパク質に巻きつき、「クロマチン」とよばれるちょいと太い（といっても、直径三〇ナノメートルくらいの細さの）繊維状の構造をつくっている（図1－6）。DNAは、風呂上がりに裸のままリビングをうろつくお父さんではないのだ。

この構造全体のことを、比較的有名な言葉で「染色体」とよぶのである。染色体というと、よくX字型の物体がイメージされると思うが、あれはDNAが複製された後、細胞分裂に先駆けてより太く、ギュッと凝縮した状態である。そうではなくて、細胞核の中に広く拡散した状態のものもあり、むしろそちらのほうが主として染色体とよばれるのだ。

じつは、細胞核の中で染色体がどのように存在しているかは、これまでよくわかっていなかった。

染色体については従来、細胞核の中である程度の自由度をもってゆらゆらと蠢《うごめ》く、ゆるい詰まり方をしている、といった考え方があった。要するに、ぬいぐるみの腹に綿を詰め込むように、ゆるくランダムに核の中に詰め込まれているのではないかと推測されていたのだが、最近になって、染色体はきちんとした法則に従って、決まった空間配置をとって規則正しく細胞核の中に収

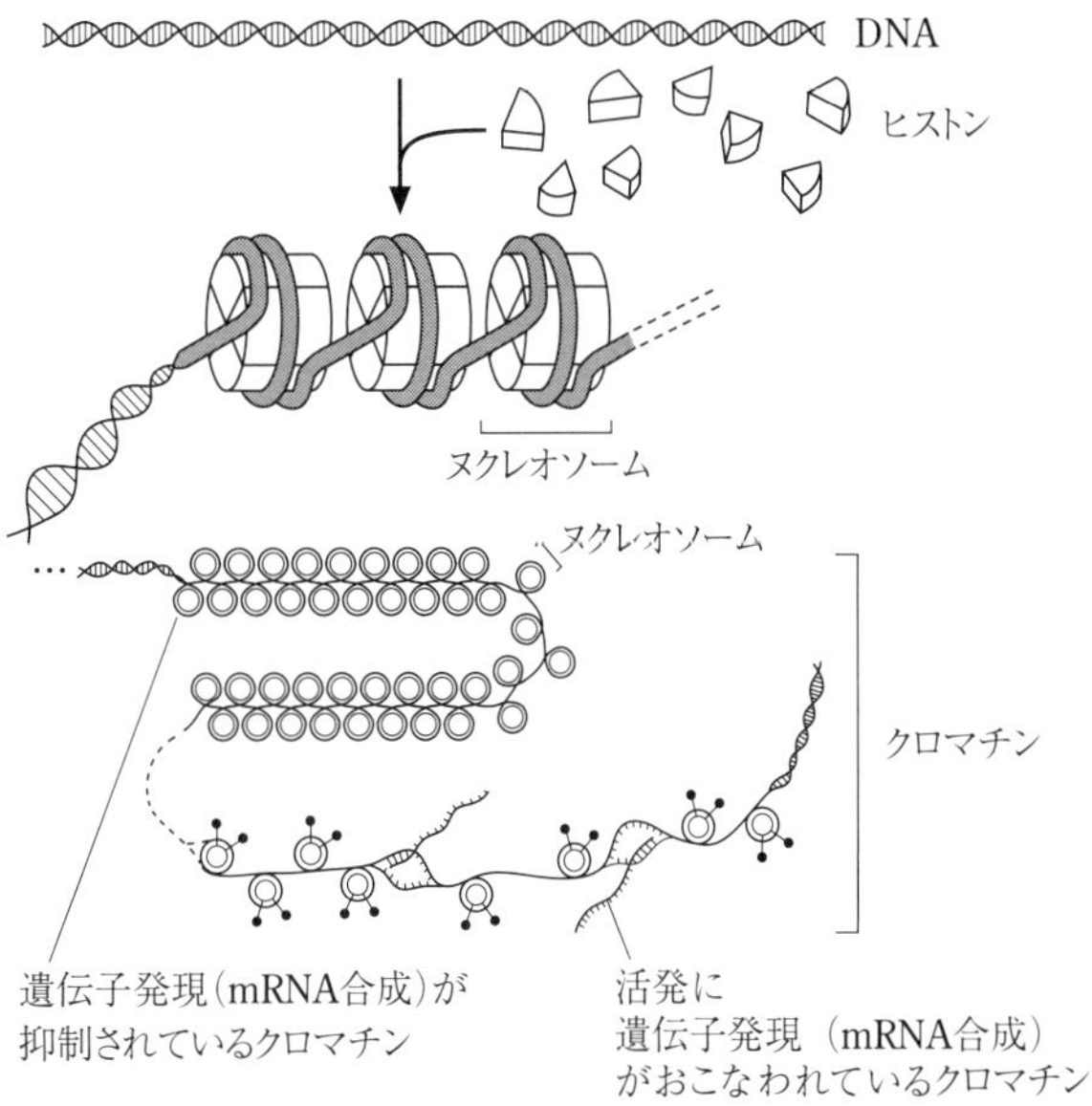

図1-6　DNA・クロマチン・染色体　DNAがヒストンと複合体をつくり、ヌクレオソームが数珠つなぎになったクロマチンをつくる。その全体が染色体である

まっている、ということがわかってきた。決して、テキトーに核の中にいるわけではない、ということである。

このことは、じつは突然変異などの現象を考えるうえで案外重要なポイントなので、第２部で詳しく述べる。

一方、細胞核がない生物、つまりバクテリアなどの原核生物の細胞の場合は、ＤＮＡは真核生物に比べ、より裸に近い状態で存在しているらしい（バクテリアにはヒストンがない）。それでも、ある程度の領域内にはまとまっているようで、電子顕

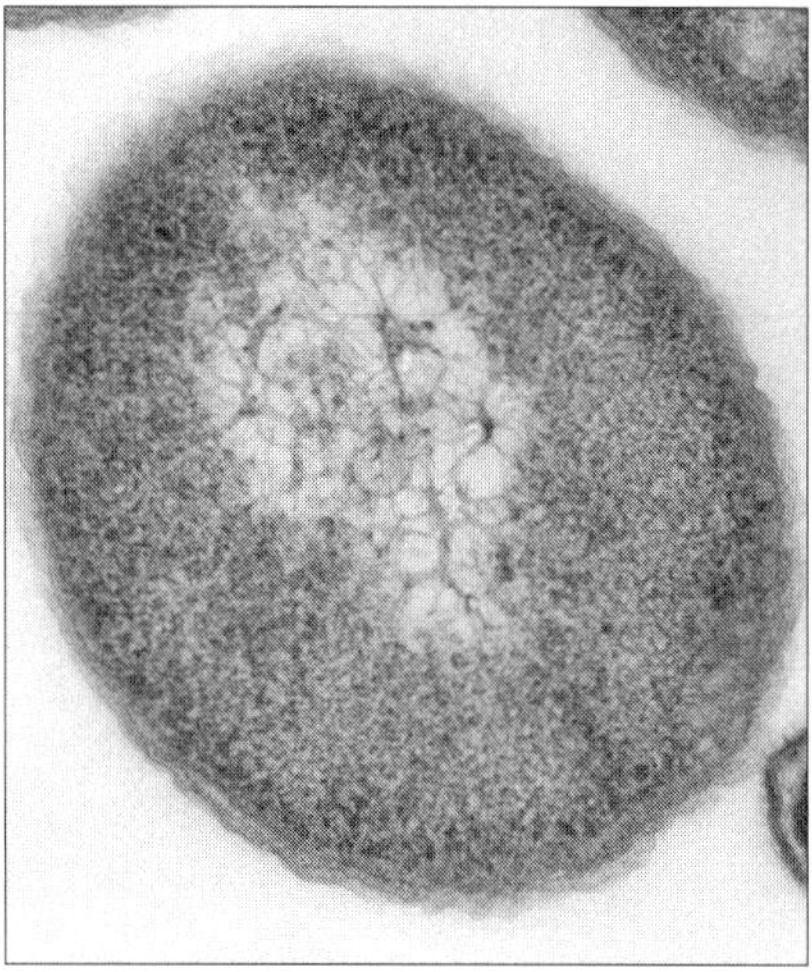

図1-7 原核生物の核様体 バクテリアの一種*Enterobacter aerogenes*の透過型電子顕微鏡像。中央の明るい領域が核様体である（写真：東京理科大学武村研究室）

微鏡でバクテリアの細胞の中を見てみると、ある領域だけDNAが周囲とはちょいと濃淡が違って見えるため、それとすぐわかる。

その部分を「核様体」という（図1-7）。

DNAとRNA

二〇世紀の初頭にフィーバス・レヴィーン（一八六九〜一九四〇年）が発見したように、核酸には現在、DNAとRNA（リボ核酸）という二種類のものがあることが知られている。DNAのことを知るためには、その〈きょうだい分子〉ともいわれるRNAについても知らなければならない。RNAは、メッセンジャーRNA（mRNA）ワクチンとして近年つとに有名になった物質だが、コロナ禍に関係なく、RNAは僕たち生物にとって、きわめて重要な物質だからである。ここでは、大切なところを少しだけ述

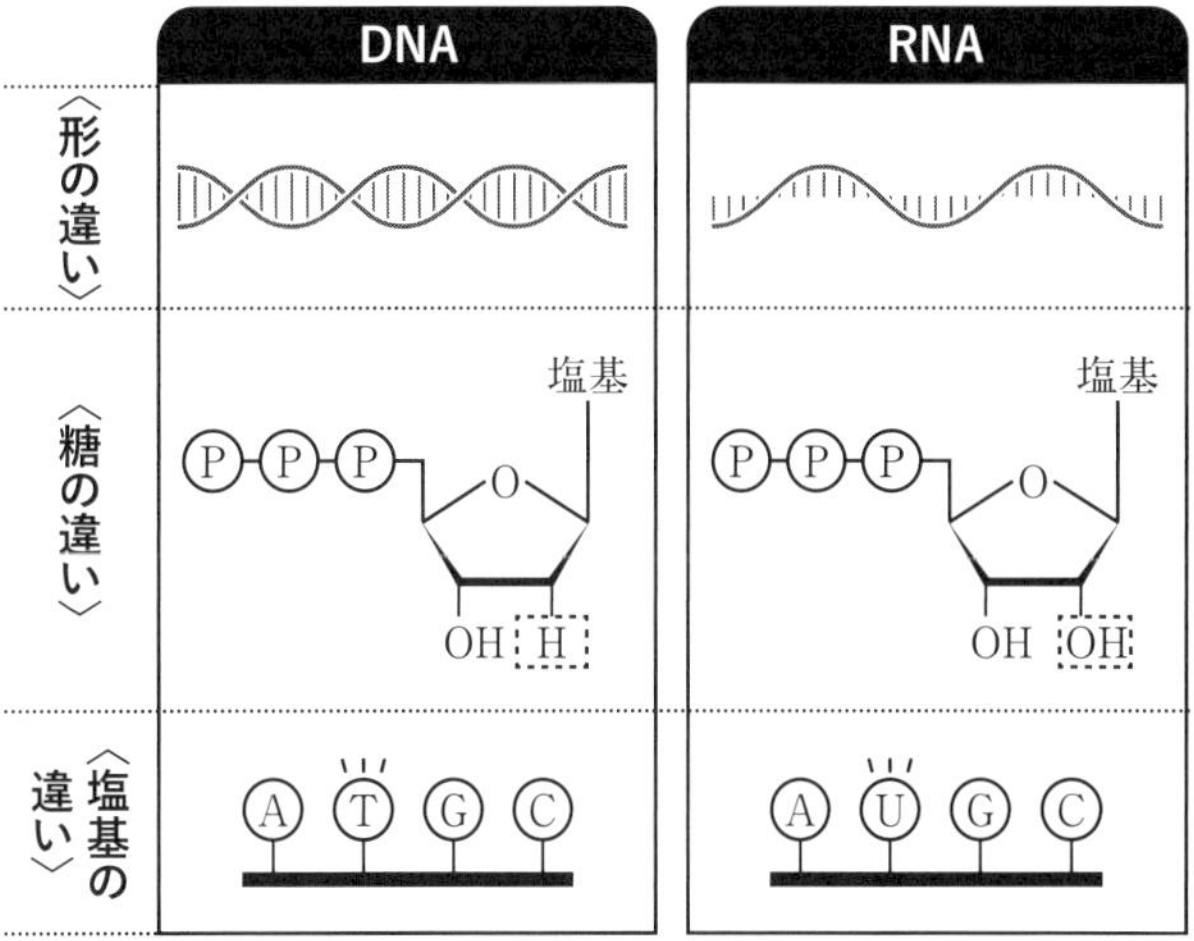

図1-8 DNAとRNAの違い

べておく。

RNAもまたDNAと同様、ヌクレオチド（ただし、こちらは「リボヌクレオチド」）がつながってできるものであり、かつDNAと同じように〈櫛の歯〉状に塩基が並んだ形になっている。RNAもまた、DNAと同じく「塩基配列」でできているといえる。ただし、RNAには、DNAとは異なる部分が大きく三つほどある（図1－8、19ページ図1－3も参照）。

第一に、DNAが通常「二重らせん」構造を呈しているのに対し、RNAは一本鎖のままではたらくことがほとんどだという点だ。DNAのように〈美しく〉はない。

第二に、DNAのヌクレオチドの糖がデオキシリボースであるのに対し、RNAのそれは「リボース」であるという点が挙げられる。このあたりの違いについては、第3章でふたたび出てくる。

第三に、DNAの塩基のうちチミン（T）が、RNAではウラシル（U）になっていることである（図1-3下）。これは結構大切で、なぜ僕たち生物がDNAでチミンを使っているのかという点は重要であるし、メッセンジャーRNAワクチンができたのはRNAの塩基がウラシルだったからという点も大きい。

このような違いは、DNAとRNAの「はたらきの差」を雄弁に物語っている。端的にいえば、DNAは、図書館に収蔵された本のごとく、〈遺伝子の本体〉としてどっしりと細胞核の中に腰を据えているのに対して、RNAは、その本を読んだ自由人のごとく、縦横無尽に細胞内を走りまわり、生命活動の中心的なはたらきを担っているのだ。

本書の主役はあくまでもDNAだが、RNAもまた、〈準主役級のメインキャスト〉なのである。詳しくは第3章で紹介する。

「遺伝子」とはなにか

複製することができるDNAは、細胞が分裂するに際して子孫細胞へと連綿と引き継がれる運命にある。いわば「遺伝」の中心的な物質である。

では「遺伝子」とはなんだろう。

いま五〇代である僕と同じか、それよりも上の世代の人たちは、「ヤバい」というと「そろそろ危ない」とか「もうあかん」とか、そういうネガティブな意味で使う言葉だと思っていたはずである。ところが、最近の若者たちが用いる「ヤバい」は、それ以外にも「美味いやん！」とか「ちょーキレイやん！」とか、ポジティブな意味でも使われることが多いのだという。もちろん、最近の若者たちがネガティブな意味で「ヤバい」を使うこともあるのだろうけれど。

ＤＮＡと遺伝子の関係は、教科書的に「遺伝子の本体はＤＮＡである」と説明されることが多いが、じつは「遺伝子」という言葉が示す対象はあいまいで、一筋縄ではいかない部分がある。「ヤバい」という言葉が、肯定的にも否定的にも使われるのであれば、「遺伝子」という言葉もまた然《しか》りである。ただし、それは肯定的／否定的とは異なる、別の「二つ」に大別される。

概念的・機能的な「遺伝子」

まず一つは、親から子へと引き継がれる「形質」（髪の毛が赤いとか、髪の毛が太いとか、髪の毛が薄いとか、ハ〇だとか……、要するにそうした生物の個体のさまざまな特徴のこと）の〈設計図〉という、どちらかといえば概念的・機能的な存在としての「遺伝子」である（図1－9左）。

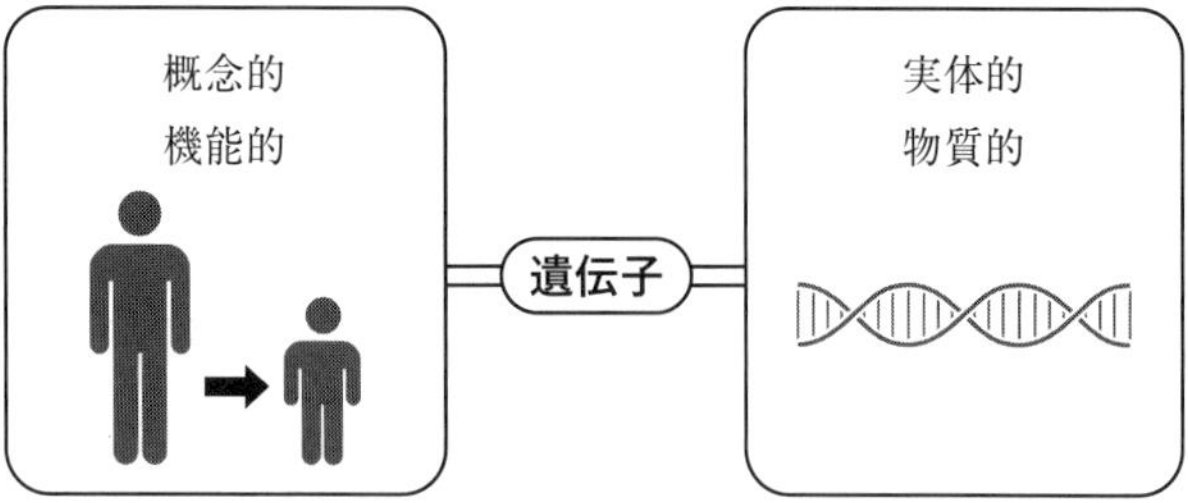

図1-9 遺伝子とは

遺伝子研究の歴史を紐解けば、「遺伝の法則」の発見者として著名なグレゴール・ヨハン・メンデル（一八二二〜一八八四年）が生きていた一九世紀末からすでに、その存在は「細胞の中にある粒子的ななにか」だと思われていたし、それが染色体上に並んでいて、さらにその本体がDNAであることが明らかになるまでは、遺伝子については「実体はあるはずだが、よくわからん。タンパク質ちゃうか」状態だった。存在はよく知られているのに、その実体はよくわからない。遺伝子がどうのこうのという場合には、今でも多くの人が概念的・機能的な存在としてのそれを想定しているはずだ。

実体的・物質的な「遺伝子」

もう一つは、より科学的なとらえ方で、タンパク質やRNAをつくる、つまり、タンパク質のアミノ酸配列やRNAをコード（指定）する塩基配列そのものであるという、実体的かつ物質的な存在としての「遺伝子」である（図1-9右）。

ここで「コード（指定）」という言葉が出てきた。この言葉そのものについては、ギターのコードとかダヴィンチ・コードとか、神々のコードとか電気コードとか（いや、最後のは違う）、使われている場面は決して少なくない。これらの使い方と同じく、遺伝子（の塩基配列）が別の物質の「暗号」になっていることを、僕たちはそう表現するのである。

この遺伝子のとらえ方は、遺伝子の本体がDNAであることが明らかとなり、さらにDNAの構造が明らかになった二〇世紀中頃から広がってきたといえる。教科書的な記述である「遺伝子の本体はDNAである」は、まさにこちらを指す状態である（図1−9右）。

「物質」であると同時に「情報」でもある

二〇世紀も後半になると、タンパク質のアミノ酸配列をコードするものだけでなく、リボソームRNA（rRNA）やトランスファーRNA（tRNA）のように、タンパク質へと「翻訳」されることはないけれども、RNAとして重要なはたらきをするものをコードする塩基配列も「遺伝子」とよばれるようになってきた。

前者であれば「リボソームRNA遺伝子（「リボソームDNA」ともいう）」、後者であれば「トランスファーRNA遺伝子」などのように。

要するに、タンパク質であれRNAであれ、DNAとは異なる様態で生命現象に関与する分子

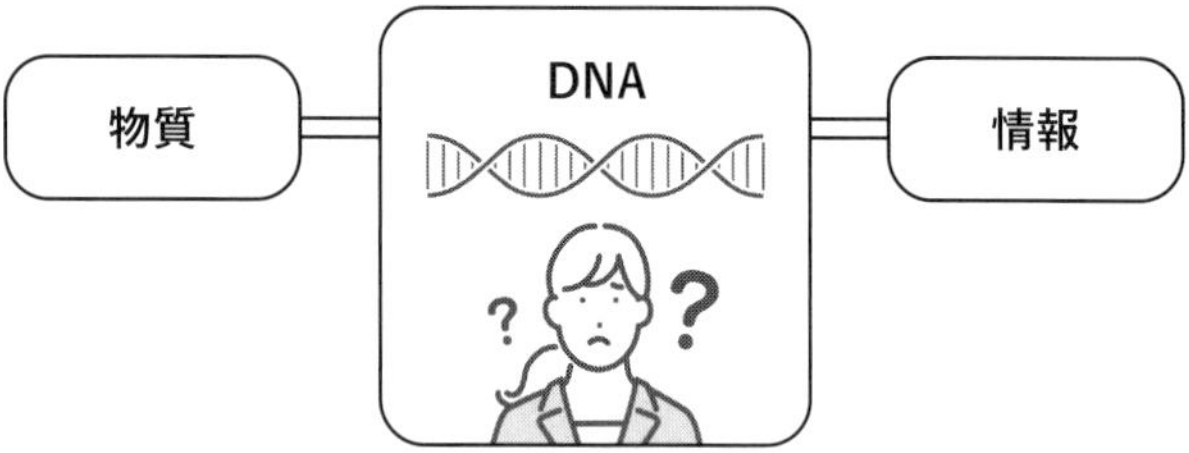

図1-10 物質であると同時に情報でもあるDNA

をコードする塩基配列は、どれも「なんとか遺伝子」とよばれるようになったのだ。

タンパク質やRNAをコードするということはつまり、DNAというのは、いってみれば非常にデジタルな物質で、デオキシリボ核酸という物質であること以上に、そこに塩基配列として含まれる「情報」が大きな意味をもつもの、すなわち「物質であると同時に情報でもある」ということである（図1-10）。

では、遺伝子がタンパク質やRNAを「コードする」とは、どういうしくみなのだろう。

RNAは、DNAと同じく四種類の塩基の配列からできているが、タンパク質は違う。タンパク質は、二〇種類の「アミノ酸」がさまざまな順番でつながった「アミノ酸配列」からできているからだ。

DNAは四種類の塩基の配列なのに、タンパク質は二〇種類のアミノ酸の配列になっているから、DNAの塩基配列をもとにタンパク質をつくる場合には、まるで英語を日本語に翻訳するかのように、塩基配列をアミノ酸配列に〈変換〉するしくみが必要となる。それが「コード（指定）」という概念なのである。

では、いったいどのようにして、DNAの塩基配列である遺伝子から、タンパク質がつくられるのだろう。

転写とスプライシング

DNAの塩基配列である遺伝子からタンパク質がつくられる際に最初に起こるのは、「メッセンジャーRNA」が遺伝子の塩基配列を鋳型《いがた》として、それが〈コピー〉のように合成される「転写」とよばれる現象である。木版画をつくるときの紙への転写とほぼ同じイメージで、これを司るのは、「RNAポリメラーゼ」というタンパク質である。

メッセンジャーRNAは、〈木版〉にあたる遺伝子の塩基配列（センス鎖）の相手、つまり、相補的に結合しているもう一方の塩基配列（アンチセンス鎖）を鋳型としてつくられる。そのため、結果的にメッセンジャーRNAの塩基配列は、遺伝子のそれ、すなわちセンス鎖の塩基配列と同じになる（図1-11上）。ただし、DNAの塩基でチミンだったところは、RNAではウラシルになっている。「なんだ、簡単じゃん！」と思うのは、いささか性急に過ぎる。

じつは、僕たち真核生物の場合、それぞれの遺伝子は、まるで瀬戸内海に浮かぶ小島のように、短いいくつかの塩基配列に断片化している。その遺伝子の断片は「エキソン」とよばれ、エキソンどうしを分断している塩基配列は「イントロン」とよばれる。ちなみに、エキソンよりも、このイントロンのほうがうんと長い。

メッセンジャーRNAが最初に合成されるときには、まずはこのイントロンも含めてすべて転写される。いうなれば、合成されたてのメッセンジャーRNAは、ホントは「メッセンジャーRNA前駆体」とよばれる〈青二才〉状態なのである。このイントロンにはアミノ酸配列の情報が含まれないため、このままではタンパク質をつくれない。したがってこの〈青二才〉は、転写後すぐにイントロン部分を除去され、エキソンどうしが連結されて、晴れて〈一人前〉のメッセンジャーRNAとなる。イントロンが除去されるこの過程を「スプライシング」という（図1－11下）。

要するに真核生物では、つくられたメッセンジャーRNAはそのままでは使い物にならず、スプライシング（他のプロセスもあるのだが、メインはスプライシングである）を経て、初めて使えるようになる。この場合「使える」というのは、細胞内のタンパク質合成装置である「リボソーム」でタンパク質合成に供されるにふさわしい、成熟した状態になるということである。

一方、ほとんどの原核生物の場合は、遺伝子は真核生物のように分断されてはいないので、スプライシングは起こらない。転写されたメッセンジャーRNAは、生まれ落ちた仔馬がすぐに立

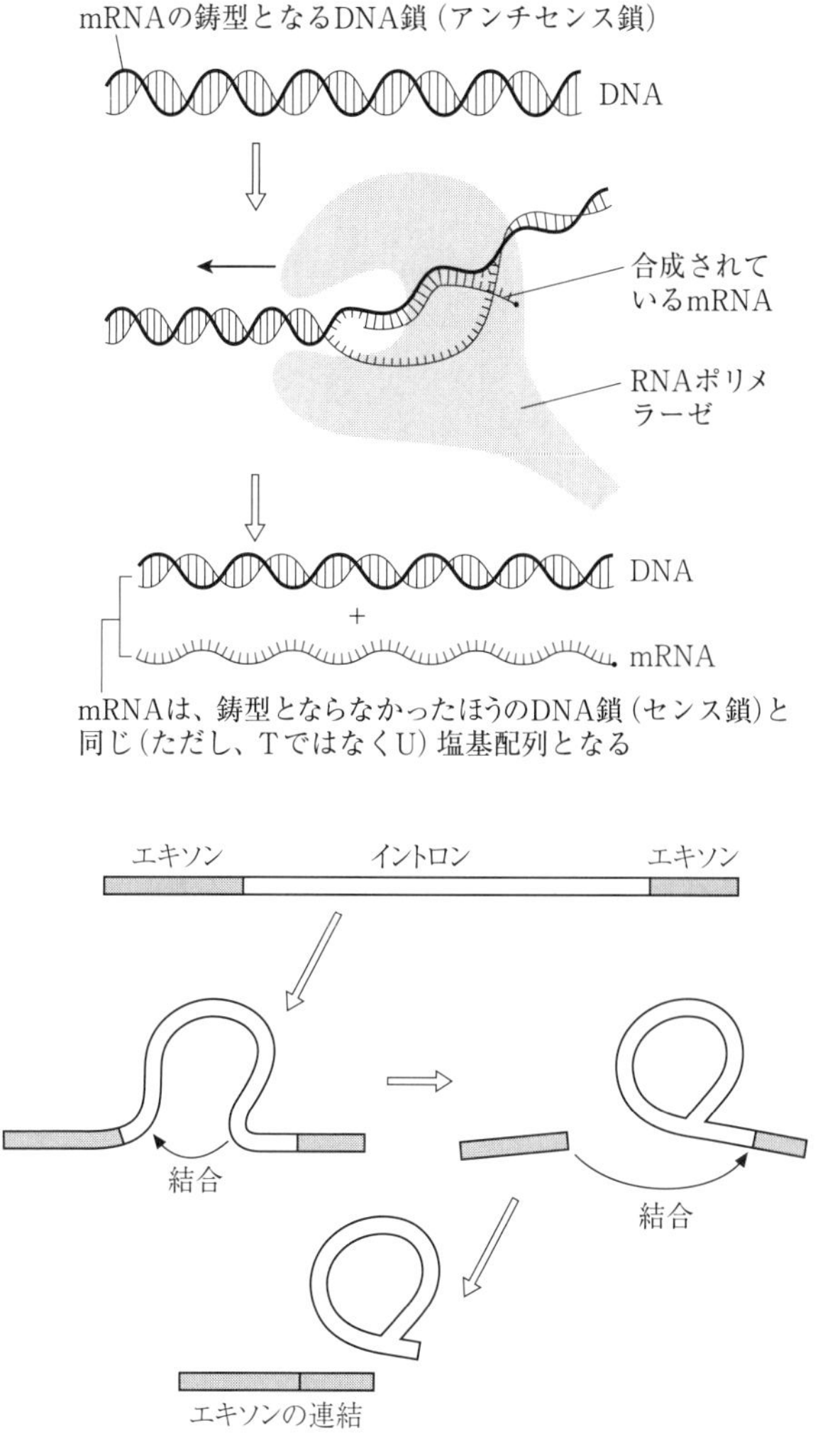

図1-11 転写とスプライシング スプライシングでは、イントロンが〈ラリアット〉のようなループをつくるようにして除去され、エキソンが連結される

ち上がって歩きはじめるがごとく、転写されたそばから、すでにして〈一人前〉なのである。

翻訳とはなにか

先ほど、「英語を日本語に翻訳するかのように、塩基配列をアミノ酸配列に〈変換〉する」と述べたが、これはつまり、本当に〈翻訳する〉ということであって、この場合の「翻訳」はれっきとした生物用語である。

スプライシングを経て「使える」状態になったメッセンジャーRNAは、細胞質に無数に存在するタンパク質合成装置「リボソーム」へとたどり着く。

リボソームは、それ自体が三〜四種類の「リボソームRNA」と、数十種類ものタンパク質（リボソームタンパク質）からできた巨大な粒子である。巨大とはいっても、RNAやタンパク質に比べて巨大というだけで、僕たちから見ればまったく小さなツブツブにすぎない。

リボソームは、メッセンジャーRNAの塩基配列をアミノ酸配列へと翻訳する、文字どおり、タンパク質をつくるための「翻訳装置」なのである。リボソームの重要さは、生物界においてその右に出るものがない。生物であるかそうでないかは、リボソームがあるかないかで決まる、といってもいいくらいだ。

メッセンジャーRNAがリボソームにたどり着き、所定の場所に落ち着くと、こんどはそこに

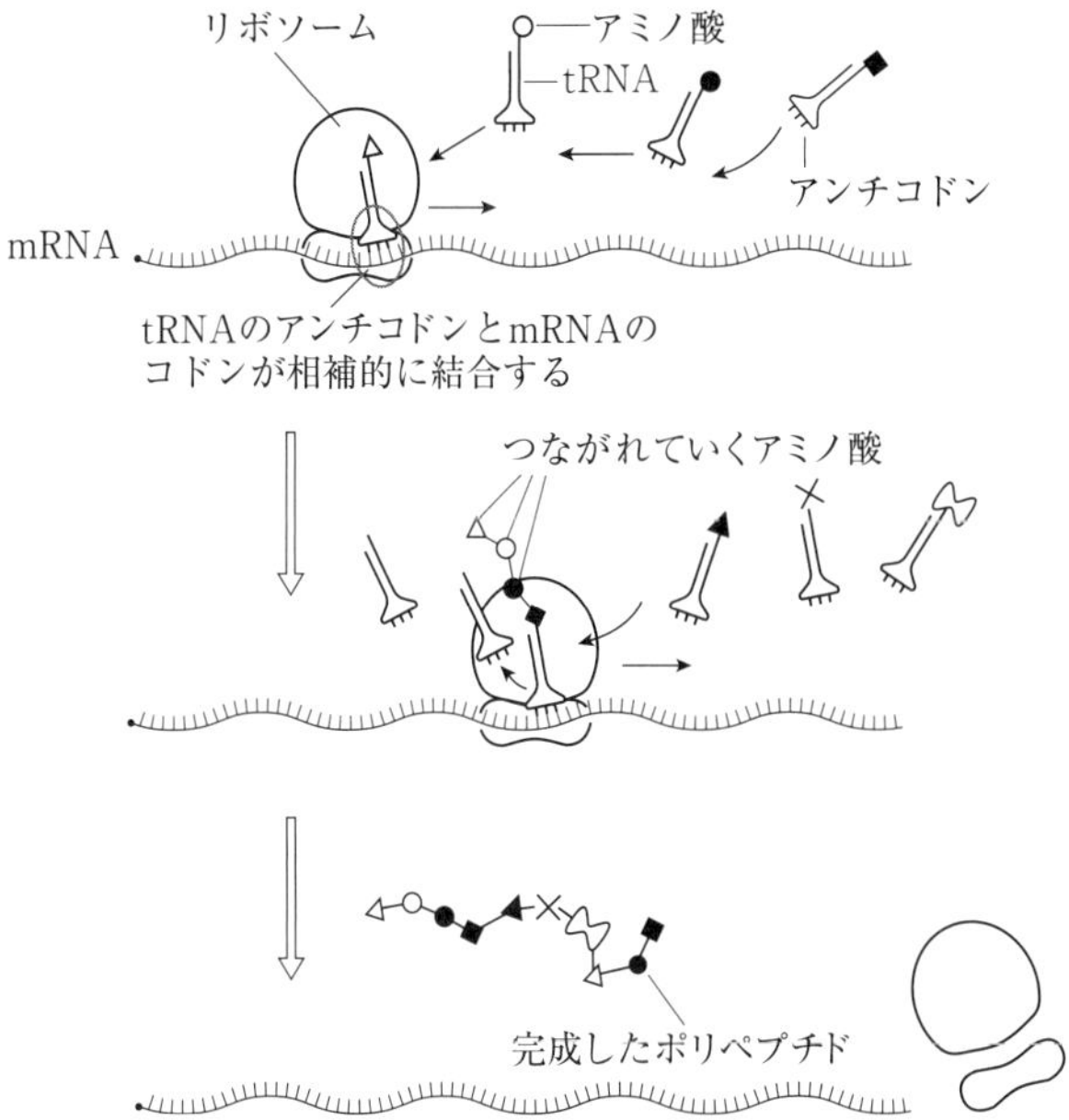

図1-12 翻訳

「トランスファーRNA」という別のRNAがアミノ酸を一個ずつ運んでくる。そのアミノ酸が、リボソームの中でメッセンジャーRNAの塩基配列が指定するとおりの順番で次々とつながり、タンパク質がつくられていく（図1－12）。これが「翻訳」である。

英語を日本語に翻訳するときには、たいていの場合〈翻訳者〉がきちんといて、その人が最初から最後まで文章を翻訳するが、「リボソーム」の場合は多少事情が異なる。実際は、リボソームが〈翻訳者〉であるというよりも、昨今のアプリや人工知能などのように、リボソームで〈自動翻訳〉がおこなわれると考えたほうがよい。リボソームは単なる「翻訳の場」なのである。では、そのしくみとはなんだろうか。

遺伝暗号とセントラルドグマ

リボソームによる〈翻訳〉には、「遺伝暗号」とよばれるしくみが介在している。リボソームでおこなわれるのは「翻訳」というより、実質的には「暗号の解読」といっていい。

遺伝暗号とは、メッセンジャーRNAの三つの塩基の並びが「暗号」となって一個のアミノ酸をコード（指定）しているというもので、たとえば、「AUG」という塩基の並びは「メチオニン」というアミノ酸の暗号になり、「UCC」という塩基の並びはコーヒー……じゃなかった、「セリン」というアミノ酸の暗号になる、という具合である（図1-13）。

この暗号は、二〇種類すべてのアミノ酸で厳密に決められている。だから、たとえば「AUGUCCGGCAACAAG」という塩基配列があったとしたら、それが翻訳されると「メチオニン（AUG）・セリン（UCC）・グリシン（GGC）・アスパラギン（AAC）・リシン（AAG）」というアミノ酸配列ができる。

こうして、DNAの塩基配列である遺伝子から、二〇種類のアミノ酸がその指定された順番で

		第二文字				
		U	C	A	G	
第一文字	U	フェニルアラニン（Phe） フェニルアラニン（Phe） ロイシン（Leu） ロイシン（Leu）	セリン（Ser） セリン（Ser） セリン（Ser） セリン（Ser）	チロシン（Tyr） チロシン（Tyr） 終止 終止	システイン（Cys） システイン（Cys） 終止 トリプトファン（Trp）	U C A G
	C	ロイシン（Leu） ロイシン（Leu） ロイシン（Leu） ロイシン（Leu）	プロリン（Pro） プロリン（Pro） プロリン（Pro） プロリン（Pro）	ヒスチジン（His） ヒスチジン（His） グルタミン（Gln） グルタミン（Gln）	アルギニン（Arg） アルギニン（Arg） アルギニン（Arg） アルギニン（Arg）	U C A G
	A	イソロイシン（Ile） イソロイシン（Ile） イソロイシン（Ile） メチオニン（Met）＊	トレオニン（Thr） トレオニン（Thr） トレオニン（Thr） トレオニン（Thr）	アスパラギン（Asn） アスパラギン（Asn） リシン（Lys） リシン（Lys）	セリン（Ser） セリン（Ser） アルギニン（Arg） アルギニン（Arg）	U C A G
	G	バリン（Val） バリン（Val） バリン（Val） バリン（Val）	アラニン（Ala） アラニン（Ala） アラニン（Ala） アラニン（Ala）	アスパラギン酸（Asp） アスパラギン酸（Asp） グルタミン酸（Glu） グルタミン酸（Glu）	グリシン（Gly） グリシン（Gly） グリシン（Gly） グリシン（Gly）	U C A G
						第三文字

＊メチオニンのコドンAUGは「開始コドン」にもなる。

図1-13 遺伝暗号の一覧（遺伝暗号表）

つなげられ、各種のタンパク質がつくられるのである。

この、遺伝子の本体であるDNAからRNAが「転写」され、リボソームでタンパク質へと「翻訳」されるという、いわゆる「遺伝情報の流れ」のことを、すべての生物が共通してもつ基本原理という意味で「セントラルドグマ」とよぶ。この考えは、もともとはDNAの二重らせん構造を解明したクリック（15ページ図1-1参照）によって提唱されたものである。

ただし、現在のセントラルドグマには、遺伝情報を子孫へ引き継ぐためのDNAの「複製」と、RNAからDNAへと遺伝情報が逆に流れる「逆転写」も含まれる。

メッセンジャーRNA、リボソームRNA、そしてトランスファーRNA。

DNAの本なのに、やたらとRNAが出てくるなあと思ったあなた、大正解です。DNAのことを話し出すと、RNA抜きにはなにも語れないことがわかるのです。

ヒトゲノム

直径〇・二ミリメートルの細い糸が、東京から静岡あたりまで、二〇〇キロメートルほど延びているとしよう。そのとき、その細長い糸をバスケットボール程度の大きさの球体の中にこんがらがらないように収められるだろうか？

「そんなに長い糸をすべてたぐり終えるのに、いったい何日かかるだろう？」というのがふつうの感想だと思うが、ここで重要なのは、その〈糸〉をすべてたぐり終えたとして、「バスケットボール大にコンパクトにまとめられるだろうか？」という点だ。

おわかりと思うが、これはDNAの喩《たと》え話である。

僕たちヒトの細胞核一個には、直径二ナノメートルのDNAが二メートル（！）も収められている。その状態をイメージしやすく表現すると、右の喩えになるのだ。

実際には、二メートルの長さのDNAが一本丸ごとあるわけではなく、四六本の「染色体」に分けられている。塩基対の数でいうとおよそ六四億塩基対、すなわち、六四億個もの塩基が横にずらっと並んだ塩基配列が僕たちの細胞核の中にあり、ヒトという生物を成り立たせる「情報」

になっているのである。

両親由来で計六四億塩基対だから、一方の親からは三二億塩基対を引き継いでいることになる。この三二億塩基対が、「ヒトゲノム」とよばれるワンセットである。

ヒト以外の生物の場合はどうか。たとえば、パンとかお酒とかを造るのに必要な酵母はおよそ一二〇〇万塩基対であり、イネはおよそ四億六六〇〇万塩基対である。

「ヒトが最も高等な生物だから、ゲノムサイズもいちばん大きいのだろう」なんて思わないでいただきたい。ユリの仲間には、なんと一二〇〇億塩基対ものゲノムサイズをもつものもいる。バッタのなかにも五〇億塩基対と、ヒトよりも多いヤツがいる。単細胞生物のアメーバでさえ、ヒトよりも大きなゲノムをもつものもいるんだから驚きである。

ゲノムとは？

では、ゲノムとはなんだろうか？

ゲノムは、遺伝子を意味する「gene」と、全体を意味する「-ome」を組み合わせてつくられた言葉で、遺伝子の全体、というより「その生物をつくるのに必要な遺伝情報の全体」といった意味をもつ。

遺伝子と遺伝情報は、またちょっとその意味合いが違うので、ここでは、タンパク質のアミノ酸配列やRNAをコードする塩基配列が「遺伝子」、それ以外の塩基配列も含めたものが「遺伝情報」というふうに考えていただければいいだろう。

ゲノムというのは、物質としてのDNAを指すというよりも、情報としてのDNAを指す言葉である。少々ややこしい話だが、「ゲノム＝全DNA」ではなく、「ゲノム＝全遺伝情報」なのである。だから「ゲノムの本体＝ゲノムDNA」という言い方がなされることも多い。

ヒトゲノムに含まれる「情報」

遺伝子というのは、「DNAのすべての塩基配列（全遺伝情報＝ゲノム）のうち、タンパク質やRNAをコード（指定）する部分のことである」とは、これまで述べてきたとおりである。要するにDNAの塩基配列、ヒトゲノムには、遺伝子「以外」の部分もかなりたくさん含まれている。

ここで、ヒトゲノムの内訳を見ておこう。いったい僕たちのDNAの塩基配列には、どのような「遺伝情報」が書き込まれているのか。円グラフにまとめてみた（図1－14）。

まず、タンパク質のアミノ酸配列をコードする遺伝子、つまり、スプライシングでイントロンが除去された後につながれるエキソンの部分は、ゲノム全体のわずか一・五パーセント程度にすぎない。

　一方において、イントロンはエキソンに比べてはるかに長く、全体の二四パーセントほどを占めていて、イントロンを含めて「遺伝子」という場合もあり、その場合は、全体の四分の一が遺伝子だということになる。

　山手線に喩えると、駅と駅のあいだの線路が「イントロン」で、駅のホームが「エキソン」とイメージするとわかりやすいかもしれない。そのとき、「遺伝子」を線路も含む山手線全体ととらえるか、あるいは駅だけを山手線と考えるかで、先の数値が変わってくるというわけだ。

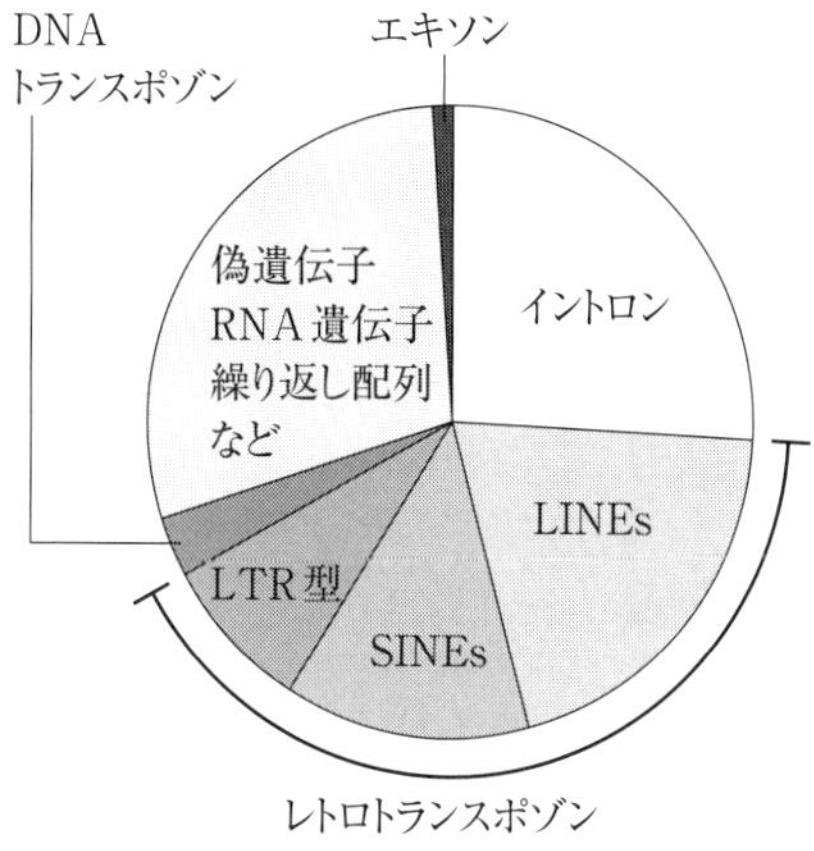

図1-14 ヒトゲノムの内訳

　また、かつては遺伝子だったのに、今では突然変異がどんどん起こってもはや遺伝子としてのはたらきを失ってしまった「偽《ぎ》遺伝子」という部分も存在する。単にはたらかなくなったものを〈ニセモノ〉なんていうのはたいへん失礼な物言いだが、英語では「pseudogene」といい、直訳すれば「疑似遺伝子」となる。遺伝子らしいっちゃあらしいんだが、ちゃんとはたらく遺伝子じゃあないよね、といったイメージである。

ゲノムの中を動き回るDNA

そのほかにも、リボソームRNAやトランスファーRNAなど、タンパク質に翻訳されずにそのままはたらくRNAの遺伝子や、DNA鑑定などでよく使われる、ある一定の長さの塩基配列が何度も繰り返して存在する「繰り返し配列」など、とにかくいろんな塩基配列がヒトゲノムには存在する（図1－14）。

いずれもヒトの長い進化の歴史の帰結であり、それぞれに重要な意味がある。

「動く遺伝因子」という意味をもつ「トランスポゾン」とよばれる塩基配列は、ゲノムの中を動き回るヘンなDNAだ。動き方や動くタイムスパンはさまざまだが、それはそれで、僕たちヒトの進化に重要な役割を果たしてきたと考えられている。

ヒトゲノムで最も多いのは、ゆうに全体の四〇パーセントを占める「レトロトランスポゾン」と称されるトランスポゾンの一種である（図1－14）。

レトロトランスポゾンは、生物が誕生してからヒトにいたるまでの長い進化の歴史のなかで、少しずつ蓄えられてきた〈ウイルスの残骸〉だと考えられている。つまりレトロトランスポゾンは、どうやら「かつて僕たちの祖先に感染したウイルスの遺伝子が、そのまま僕たちのゲノムに残っちゃったもの」らしいのである。

なぜそんなことが起こるのか、これもまた、DNAの不思議な側面であろう。そのウイルスの残骸の一部からも、どうやらRNAが転写されているらしい。そんなものが僕たちヒトゲノムという〈国会〉の〈最大野党〉だとは、じつに驚くべきことだ。トランスポゾンの機能やはたらきも含め、「ウイルスとはなにか」という問いとともに、第3部で詳しく紹介するとしよう。

ヒトゲノムには、タンパク質やRNAをコードする「コード領域」と、これらをコードしない「非コード領域」があり、これまでの多くの研究は、コード領域を対象におこなわれてきた。しかし、近年では非コード領域、つまり、タンパク質もRNAもコードしていない塩基配列が、僕たちの細胞にとって、じつは非常に重要なはたらきを担っていることが徐々に明らかになってきている。

紙幅の都合上、本書では詳しく述べないので、興味のある方は小林武彦著『DNAの98％は謎――生命の鍵を握る「非コードDNA」とは何か』（講談社ブルーバックス、二〇一七年）等を参照されたい。

第2章

複製するDNA

「ハリー・ポッター」シリーズに出てくる魔法の一つに「双子の呪文」というものがあり、その呪いをかけられた物に触れると、次々にそれが「複製」され、指数的に数が増えて困ったことになる。これは物語の世界の話だが、じつは今、人間社会はこの「複製」に大いに苦しめられている。いうまでもなく、ウイルスの「複製」である。

あまたあるウイルスのなかでも、なんといっても新型コロナウイルスの複製が、この数年間、世界中の人間たちの最大関心事になってきた。ウイルスにおいては「複製」というより、「拡散」

とか「感染爆発」などの別の言葉で言い表されることが多いが、そのありさまはまぎれもなく、大量の新型コロナウイルスの「複製」に他ならない。

そしてその「複製」を、分子の視点でみごとに体現しているのがDNAだ（新型コロナウイルスの場合はRNA）。DNAはいったい、どのように複製し、遺伝情報を世代から世代へと引き継いでいるのだろう。

複製とはなにか

僕は実験を主とする自然科学の研究者だが、一方で、世の中の「複製」という現象にも幅広く興味をもち、世界中のさまざまな「複製」に焦点を当てて、その意味を探ったりしている。

拙著『世界は複製でできている』（技術評論社、二〇一三年）や『レプリカ』（工作舎、二〇一二年）では、生物における遺伝子、つまりDNAの複製からはじめて、文書のコピー、パロディー、剽窃《ひょうせつ》、模倣など、いわゆる社会的な「複製」について考え、結果的に「この世界って複製でできとるやん！」という、どうということのない結論に落ち着いたものである。世界が複製でできているんだったら、その根源たる生物の世界が複製でできているのは当然であろう。

これらの本を書いた当時は、まだ巨大ウイルスの研究にのめり込む前だったため、ウイルスについて考えが及ばなかった。しかし巨大ウイルス研究をスタートし、日々巨大ウイルスとそれに

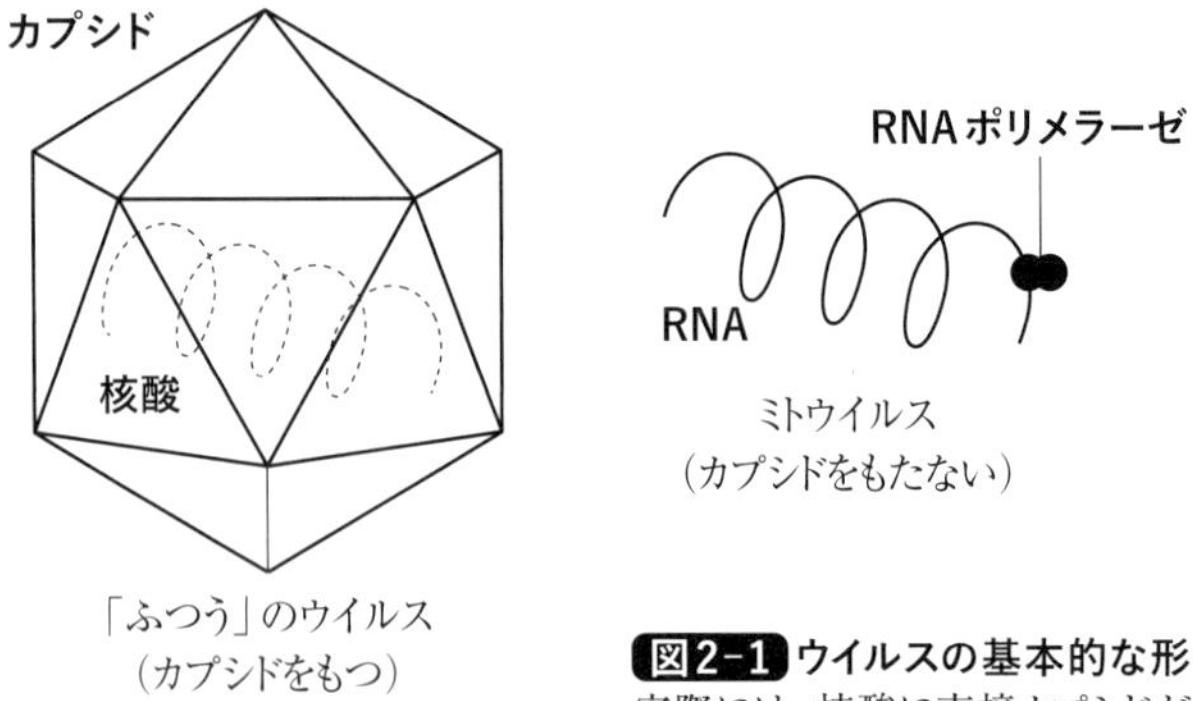

図2-1 ウイルスの基本的な形
実際には、核酸に直接カプシドが巻きつくような形のものもある

感染するアメーバの日常を見るにつけ、ウイルスほど「複製」と密接に関わっているものはないと思えるようになった。いやむしろ、「ウイルス＝複製するもの」であるといってもいい。

ウイルスの基本的な形は、核酸（DNAもしくはRNA）にタンパク質の殻（カプシド）がまとわりついて、核酸を保護しているというものである（図2－1左）。この基本形に、脂質二重層（細胞膜と同じもの）でできた「エンベロープ」とよばれる膜が付加されたりして、それぞれのウイルスに固有の形ができあがる。

ウイルスによってはカプシドがなく、RNAだけからなるものもいる（図2－1右）。要するにウイルスの複製は、DNAもしくはRNAの複製という性質を、そのまま体現したものであるともいえる。

さらにいうならば、ある細胞がウイルスに感染すると、その細胞内でウイルスが大量に複製され、それがま

図2-2「猛霊八惨」（©水木プロ『水木しげる漫画大全集〈058〉』講談社、p. 482）

た次の細胞に感染し……、ということを繰り返すことから、ウイルスは「ウイルス感染細胞」を次々に複製していくものであるともいえる。まるで、水木しげるが描いた妖怪「猛霊八惨《もうれいやっさん》」が、海で水死した人を猛霊八惨に変えることで、次々に仲間を増やしていくがごとくである（図2－2）。

複製がもつ「二つの意味」

複製とは実際、どのような現象なのか。

複製には、複製するという「行為」を示す場合と、その行為によってできた「産物」（コピーされた文書など）を示す場合の、二つの意味がある。

複製という言葉によくある一般的なイメージは、「モナ・リザの複製」などのように、きわめて価値の高い「オリジナル」があったときの、その「コピー」だろう。複製という行為によってオリジナルからつくられるコピー。そしてコピーの側には、オリジナルほどの価値は認められない——。これが、よくある複製のイメージではないだろうか。

DNAの複製という場合、その意味するところは前者である。つまり、複製する「行為」を指すということだ。さらに、オリジナルとコピーというステレオタイプな複製のイメージとは、やや異なる事情もある。

オリジナルとコピー

オリジナルとコピーには、先ほども述べたように、前者には大いなる価値があり、後者の価値はそれよりも低いという関係がある。

こうした関係は、生物やウイルスにおける複製にはあてはまらない。DNAは確かに複製されるが、複製されてできた二つのDNAには、決して優劣は存在しないからである。

言い換えると、あるオリジナルのDNAが複製されたとして、その結果できた二つのDNAの「どちらがオリジナルでどちらがコピーか」を区別することができないということである。

要するに、DNAの複製は、オリジナルが複製されると「新たなオリジナルが二本できる」というタイプの複製なのであって、決して「一本のオリジナルから、一本あるいは複数のコピーができる」というタイプの複製ではない。DNAの複製はコピーをつくることではなく、「同じものをつくる。そしてあわよくば増やす」ことを目的としたものだからである。

DNA複製の「生物学的意味」

生物もウイルスも、その生きざまは、自分と同じ種類の個体を「増やす」ことを目的にしているように見える。なぜ「増やす」のかというと、タンパク質や核酸などの生体高分子が織りなす細胞や個体は〝有限の命〟しかもたず、その命が尽きる前に次の世代の個体をつくらなければならないからである。

結果的にはそれは「増える」のではなく、同じ種類の個体（いわゆる「種」とよばれるものの構成員）が、別の個体をつくることで、古い個体が死んでも種全体としてはその数が「維持される」、ということになる。個体の数を維持するために増やすのである。

それがゆえに、次世代の個体をつくるための遺伝情報が書き込まれたDNAを、細胞を分裂させて増やすのと同時に、その内部で複製していくのだ。DNAの複製には、機密文書をコピーして会議のメンバーに配るのとはまったく質の異なる、壮大な生物学的意味が含まれている。

「増える（あるいは維持する）」という生物の複製の仕方は、たとえ最初に「オリジナル」というものが存在したとしても、つくられるのは決してその「コピー」ではない。オリジナルと同等の「別のオリジナル」が新たにつくられる、そういう複製でなくてはならないのである。

オリジナルから新たなオリジナルがつくられる

DNAの複製は「きわめて正確」

そんなわけで、本当の意味で「複製」というからには、「誰が見てもオリジナルと瓜二つ」というか、「どこから見ても同一」であるかのように、そのコピー、すなわち「新たなオリジナル」をつくりあげる必要がある。その点において、ＤＮＡの複製は完璧に見える。

第1章で紹介したように、ＤＮＡは二本のＤＮＡ鎖（ヌクレオチドが複数つながっているので「ポリヌクレオチド鎖」ともいう）が、塩基対を介して抱き合うように結びついた二重らせん構造を呈している。ＤＮＡが複製するためにはまず、この抱き合った二本のポリヌクレオチド鎖を一本ずつに引き離し、それぞれのポリヌクレオチド鎖を「複製のための鋳型」として利用できるようにしなければならない。それを担うのが、「ヘリカーゼ」とよばれる酵素である。
ヘリカーゼの最初のはたらきは、いわばDNA二重らせんの一部に「穴」を開けるようなものである。そこから折り曲げた紙をハサミですーっと切り開いていくようにして、DNAの二本鎖を一本ずつに引き離していく（図2-3）。

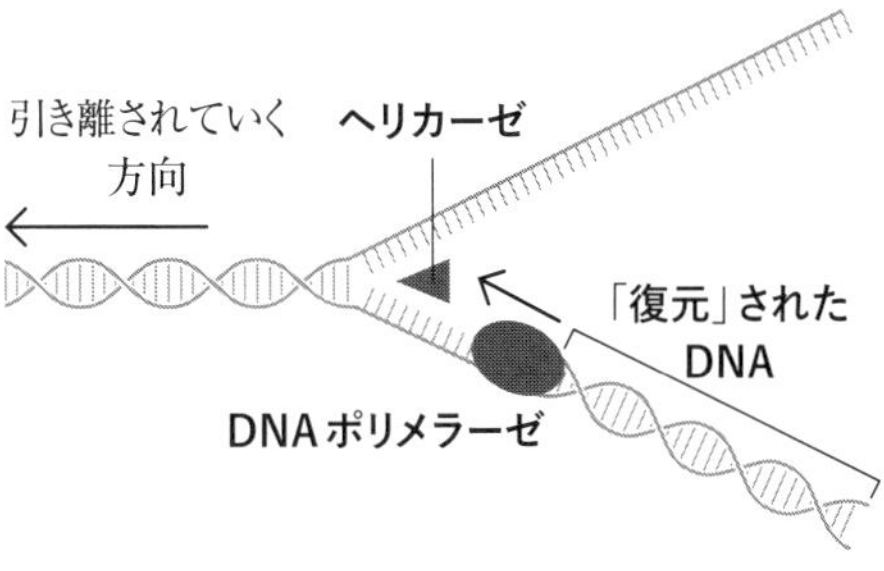

図2-3 ヘリカーゼによる「引き離し」とDNAポリメラーゼによる「復元」

それとほぼ同時に、ヘリカーゼと行動をともにしている「DNAポリメラーゼ」が、鋳型となる塩基配列に対してきちんとしたワトソン・クリック塩基対をつくりあげるように、相補的に対面できる塩基が含まれるヌクレオチドを、一個ずつ置いていく。DNAポリメラーゼには、「なにか（ヌクレオチド）を重合して（ポリメライズ）、DNAをつくる酵素」という意味があり、名は体を表すという言葉どおりのことをやってのける。

こうして、ヘリカーゼによってほどかれた元の塩基配列が、DNAポリメラーゼによって二本の二重らせんとして「復元」されるのである（図2-3）。

DNA複製の正確さは、鋳型の塩基に対して相補的な塩基をもつヌクレオチドがきちんとその対面に置かれて、正しい塩基対をつくることができるかどうかにかかっている。実際、DNAポリメラーゼは、それができるのである。

DNAポリメラーゼのしくみ

ここで、DNAポリメラーゼがはたらくしくみを、やや化学的に見てみよう。

DNAポリメラーゼが触媒するのは、伸長しつつある（新しく合成されつつある）ポリヌクレオチド鎖の末端部分（3′末端）、つまりデオキシリボヌクレオチドの3位の炭素に結合している3′-OH（水酸基）に、次のヌクレオチドのリン酸基を作用させて「ホスホジエステル結合」を形成し、DNAを一ヌクレオチド分（一塩基分）伸ばすという反応である。

この反応を次から次に起こしていくことで、ポリヌクレオチド鎖にヌクレオチドが次々に「重合」し、DNAが合成されて伸びていく。ちなみに、今や誰もが知るところとなった「PCR」は、「ポリメラーゼ連鎖反応（Polymerase chain reaction）」の略だから、こんな身近なところにもDNAポリメラーゼがいるということに気づかされる。

僕は大学院在籍中から大学の助手の頃まで、DNAポリメラーゼを精製してその活性を測定するという実験をおこなっていた。精製したDNAポリメラーゼの活性を見るときには、必ず塩化マグネシウムを反応系に加えなければならず、これを加えるのを忘れるとまったく活性が出ずに、その日の実験はすべて「パア」になる。

塩化マグネシウムを加えるのは、DNAポリメラーゼの活性中心（はたらきの中心となる部分）にはマグネシウムイオンのもつプラス電荷が必要で、マグネシウムイオンがポリヌクレオチ

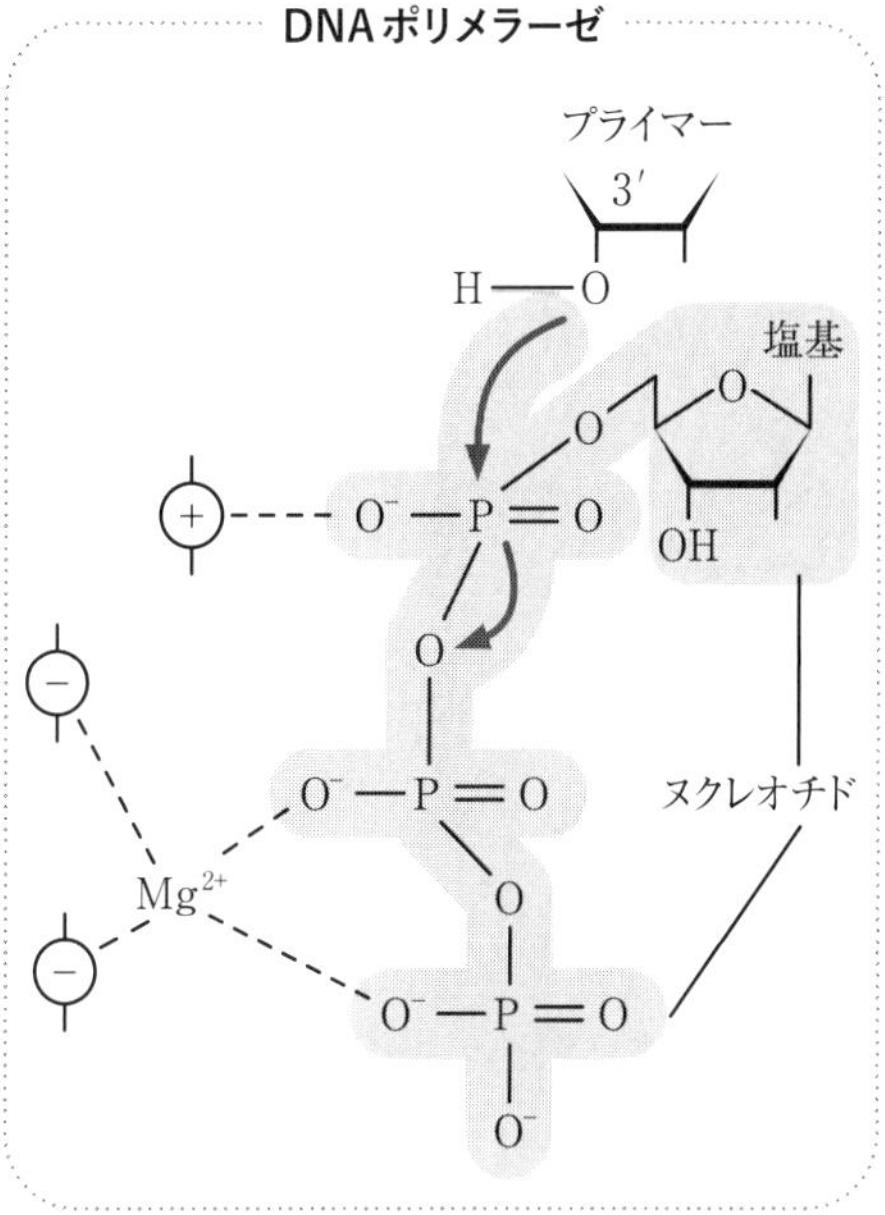

図2-4 DNAポリメラーゼの活性中心におけるマグネシウムイオンのはたらき　マグネシウムイオンが電子を引きつけることで、プライマーの3′水酸基とヌクレオチドとの結合が促進される（A. Kornberg, T. A. Baker, "*DNA Replication, Second Edition*", University Science Books, 2005, p135より改変）

ド鎖末端の水酸基にある「たまった電子（マイナス電荷をもつ）」（酸素原子には余剰の電子がある）を引きつけることで、次のヌクレオチドにあるリン酸（マイナス電荷をもつ）を水酸基と結合させ、ホスホジエステル結合をつくりやすくするからである（図２－４）。

そんなことも知らずに、大学院生の頃はひたすら実験を繰り返していたことを懐かしく思い出す。

DNAポリメラーゼに与えられた使命

ここで重要なことは、ＤＮＡポリメラーゼというのは、あくまでもヌクレオチド重合反応、つまり「ポリヌクレオチド鎖を合成し、伸ばす」反応を触媒するのであって、ＤＮＡが二重らせんを形成し、さらに複製にとって最も重要な性質である「塩基の相補性」、すなわちＡとＴ、ＧとＣがそれぞれ正しい塩基対を形成する状態をつくる反応を触媒するわけではない、ということである。いってみれば「伸ばしゃあいいんだよ、伸ばしゃあ」というのが、ＤＮＡポリメラーゼに与えられた使命なのである。

ただ、長い進化の帰結として、①ＤＮＡポリメラーゼ、②伸長されつつあるポリヌクレオチド鎖の末端、③鋳型となるＤＮＡ、そして④材料たるヌクレオチドの四者が、ちょうどうまい具合に集まったときの立体構造が、鋳型の塩基とヌクレオチドの塩基が相補的になったときに、ＤＮ

Aポリメラーゼ自身が「いちばんしっくりくる」ようになっている。いうなれば、「結果として相補的な塩基をもつヌクレオチドがきちんと取り込まれるようになっている」のである。

この触媒の様式こそが、DNAがときどき「突然変異」を起こす遠因になっている、ともいえるのだが、それはまた第2部での話に譲ることにする。ここでは、DNAポリメラーゼが「しっくりくる」とはどういうことなのかを確認しておこう。

右手モデル

「職人」とよばれる人たちには、長年の経験によって磨かれた卓越した技術がある。特に、手先や指先の絶妙な力加減や動きがその作品の出来を左右するような場合――機械による大量生産ではなく、一つ一つの作品がすべて手作業によるものの場合――には、なおさらその手技がものをいう。

ここで、読者諸賢にも一度体験してもらわねばならない。粘土をこねこねするのである。使うのは「右手」だ。なにがなんでも「右手」なんだ。

数センチメートルほどの直径の粘土塊を右手にとり、ギュッと握る。そうすると、親指以外の四本の指の跡がついた、ややいびつな塊ができあがる。その出来不出来をここで評価して成績をつけ、単位を落とすようなマネはしない。

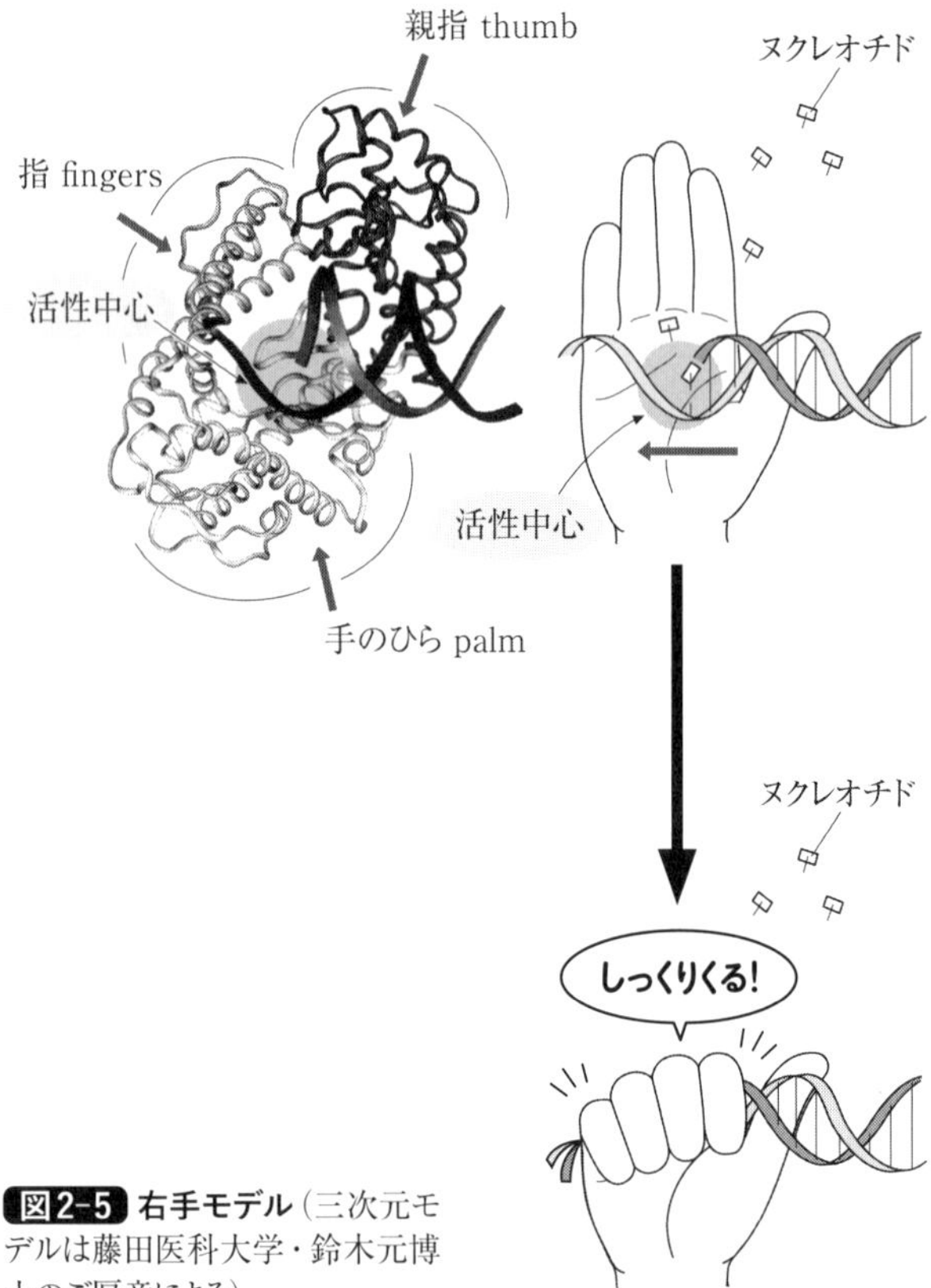

図2-5 右手モデル（三次元モデルは藤田医科大学・鈴木元博士のご厚意による）

この体験は、みなさんに「DNAポリメラーゼ」になったつもりになってもらうというものである。ただ、この場合は「右手＝DNAポリメラーゼ」なのであって、「みなさん＝DNAポリメラーゼ」ではないというところがミソだ。DNAポリメラーゼによるヌクレオチド重合反応は、「右手モデル」とよばれるモデルによって説明されるからである。

図2－5上は、DNAポリメラーゼの右手モデルを示したものだ。このとき、鋳型となる一本鎖DNAは、まっすぐに右手の〈手のひら〉（palm領域）にぶちあたり、そのまま折れ曲がって上方に伸びる。この〈手のひら〉が、ヌクレオチド重合反応の舞台であり、ここにDNAポリメラーゼの活性中心がある。

重合される新たなヌクレオチドは、この〈手のひら〉にやってくるわけだけれども、ただやってきただけでは鋳型の塩基ときちんとしたペア、すなわち、正しい塩基対をつくる塩基をもったヌクレオチドかどうかを判別することができない。判別できないと、「そこに山があるから登るんだ」的に、「そこに塩基が手を振って待ってるから来たんだ」とかいいながら、ペアとしては不適切な塩基をもってやってきたヌクレオチドを取り込みかねない。

しかし、その点は心配ご無用である。

右手モデルの〈四本の指〉（fingers領域）は、新しいヌクレオチドが〈手のひら〉に取り込まれるたびにパタンと閉まるようになっている。そのとき、正しい塩基対が鋳型と新しいヌクレオチドのあいだで形成されると、DNAポリメラーゼが〈しっくりくると感じとる〉からである（図2－5下）。

なんらかのセンサーがあるというわけではない。タンパク質というのは、立体構造どうしの相互作用と、その〈フィットの度合い〉によってその後の反応が起こるか起こらないかが変わるので、立体構造の上で〈しっくりくる〉かどうかがとても大切なのである。

ハチドリもびっくり

DNAポリメラーゼがもし、〈四本の指〉をパッタンと閉じたときに違和感をもったら、つまり、正しい塩基対が鋳型と新しいヌクレオチドとのあいだで形成されていなかったとしたら、DNAポリメラーゼはそれを重合させることはしない。即座に〈オエッ〉とばかりにその間違ったヌクレオチドを吐き出してしまうのである。すると、次のヌクレオチドが入り込んでくる。ダメならまた〈オエッ〉、ダメならまた〈オエッ〉……を繰り返し、正しい塩基をもったヌクレオチドが来たら、初めて〈よしっ〉と受け容れる。このようなプロセスが、目にもとまらぬスピードで繰り返されるのである。

この〈指パッタン〉は、一秒間に数十回も羽ばたくことで知られるハチドリもびっくりの超高速でおこなわれるらしい。DNAポリメラーゼはなんと、一秒間に数千塩基対ものペアをつくることができるのだ。それでもってさらに正確だというのだから、もう驚くほかはない。人間には不可能な大技であり、DNAポリメラーゼの常識は人間たちの非常識であるともいえよう。

DNAの方向性

前項で述べたように、DNAの複製はDNAポリメラーゼの〝ハチドリ的〟なはたらきによって達成される。

しかし、DNAというのはそもそも、メチャクチャ細長いものである。40ページで喩えたように、その細長さは「直径〇・二ミリメートルの細い糸が、東京から静岡あたりまで、二〇〇キロメートルほど延びている」ようなものだ。

それほどまでに細長い糸のような物質が、僕たち人間の場合であれば「細胞核」というごく限られた区画の中に整然と存在している。そのようなDNAが端から端まで複製されるのであれば、DNAの複製は全体的な構造の枠組みのなかでおこなわれる、システマティックな反応ということになる。

その反応のおこなわれ方は、複製のしくみのなかで最も理解の難しいところだが、逆にいえばDNA複製のいちばん面白いところでもある。

何度もいうように、二重らせんをつくったDNAは、二本のポリヌクレオチド鎖が塩基配列の

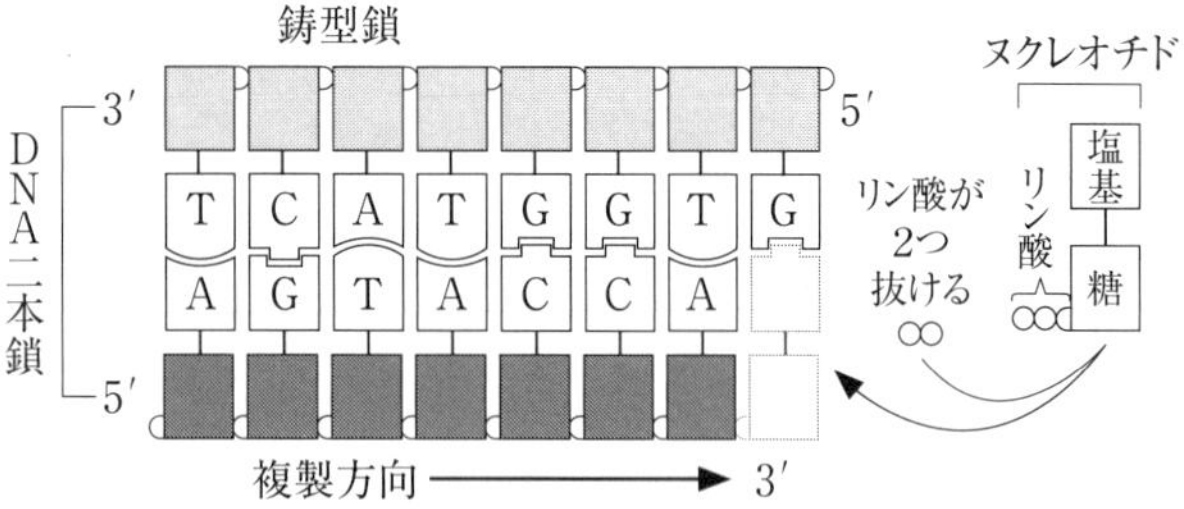

図2-6 DNAの方向性 DNAは、5′→3′の方向性をもつ2本の鎖が、塩基対を介して対面通行のように互いに逆を向いている

相補性によって対面し、抱き合って結合したものである。「塩基を介して抱き合っている」ということは、二本の長いDNAのその向きが、互いに逆になっているということである。これは、二人の人間が向かい合うと、お互いの左右の手が逆になるのと同じ理屈だ。

DNAには、〈ブロック〉であるヌクレオチドが、DNAポリメラーゼによって結合していく「方向性」というものがある。そうしてできたポリヌクレオチド鎖の両端は、その一方が「5′末端」、もう一方が「3′末端」とよばれる。ヌクレオチドは、5′末端から3′末端の方向へと、順繰りにつながっていくのである（図2－6）。

ここに、DNA複製における二つの問題が横たわっている。

二つの問題

第一の問題は、DNAポリメラーゼという酵素が案外〈融通の利かない〉酵素であり、DNA上を一方向にしか動くことができない〈頑固者〉であるという問題だ。

理由は簡単で、上述したＤＮＡの方向性において、ホスホジエステル結合は、必ずヌクレオチドが5′末端から3′末端の方向へと、順繰りにつながっていくようにできているからである。逆方向に結合していくというのはありえない。だから、ＤＮＡポリメラーゼが〈頑固者〉なのは仕方のないことだ。

さらに、問題はもう一つある。

第二の問題は、ＤＮＡはヌクレオチドが結合していく方向が逆になった二本のポリヌクレオチド鎖が対面で抱き合った状態なのだから、ＤＮＡポリメラーゼは、それぞれのＤＮＡを鋳型とした場合、それぞれに対して最低一個ずつあって、それぞれ逆向きに動いてヌクレオチドを結合させていかなければならないという問題である。

ＤＮＡの二重らせんが、ヘリカーゼによって引き離されていくのは一方向である（図2－7）。したがって、それぞれのＤＮＡにヌクレオチドを結合させていくＤＮＡポリメラーゼが各一個ずつ、合計二個あったとすれば、一方のＤＮＡポリメラーゼはヘリカーゼと同じ方向に連れだって動きながらヌクレオチドを置いていけばよいが、もう一方のＤＮＡポリメラーゼはヘリカーゼとは真逆の方向に動かなければならないはずである（図2－7）。

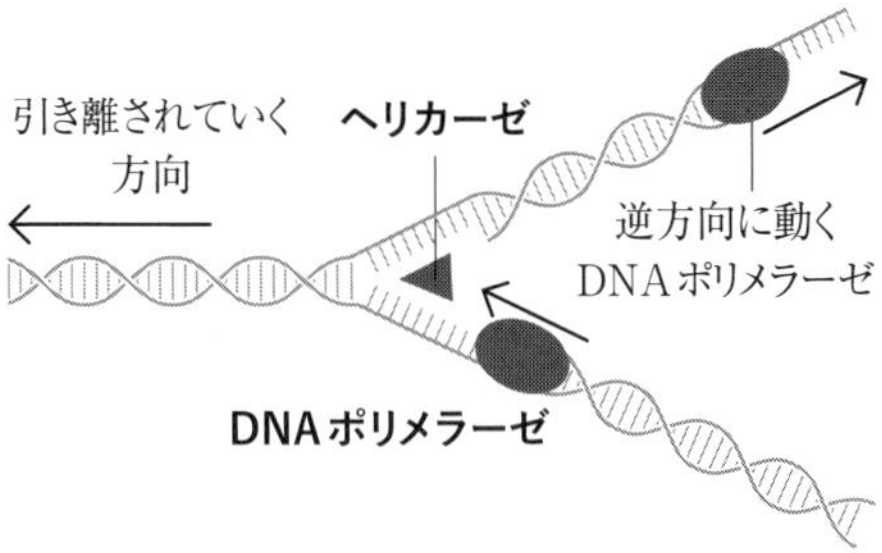

図2-7 2つのDNAポリメラーゼのうち、1つはヘリカーゼと逆向きに動かなければならないはず

トロンボーンモデル

短いDNAであれば、さほどの問題は生じないだろう。短い二本鎖DNAを完全にバランと分けて、それぞれを別個に複製すればいいだけなのだから。

しかし、生物がもっているDNAは予想以上に長い。長すぎるほど長い。そのうえ、生物はなんでも合理的でないとすまない連中だから、DNAポリメラーゼは二個ともまとめてヘリカーゼと同じ方向に動かし、なおかつ方向性の異なる二本のDNAを合成するという、一見すると矛盾をはらんだ事態を乗り越えて、完璧に複製しようとするはずだ。

そこで生物が、この矛盾をはらんだDNAを複製するために編み出した方法が、まるで「トロンボーン」のような方法なのである。ブラスバンドや管弦楽とかでスライドを伸び縮みさせて音程を変える、あのラッパみたいな管楽器のことだ。

当然ながら本物のトロンボーンを使うわけではなく、DNAの複製方法をモデル化したものが、まるでトロンボーンを奏でているかのような見た目をしているのである。

具体的にはこうだ。

ヘリカーゼがDNAの二本鎖を引き離していく方向とは逆向きにDNAポリメラーゼを走らせなければならないほうの鋳型となるDNAは、引き離されるといきなり一八〇度向きを変える（図2－8）。なぜなら、向きを変えることで、複製するDNAポリメラーゼが、二本鎖を引き離していくヘリカーゼと〈生き別れ〉になることを避けられるからである。

ただし、「向きを変える」といってもDNAは恐ろしく長いのだから、全体の向きを変えることは不可能だ。まるで糸を一回クイッとたぐるように、一部分だけを変えるのである。その結果、その部分だけが、まるでトロンボーンのスライドが伸びたような見た目になる（図2－8）。

これが、「トロンボーンモデル」という名のゆえんである。

「ラギング鎖」と「リーディング鎖」

複製が進んでポリヌクレオチド鎖がある程度合成されると、進んだぶんだけスライドが縮む。縮みきるとまたぐんと伸びて、次の複製が進む（図2－8）。

要するに、ヘリカーゼとは逆向きに複製しなければならないポリヌクレオチド鎖（「ラギング鎖」という）では、短いDNA断片を断続的に合成し、最後につなげるという作業が必要となる

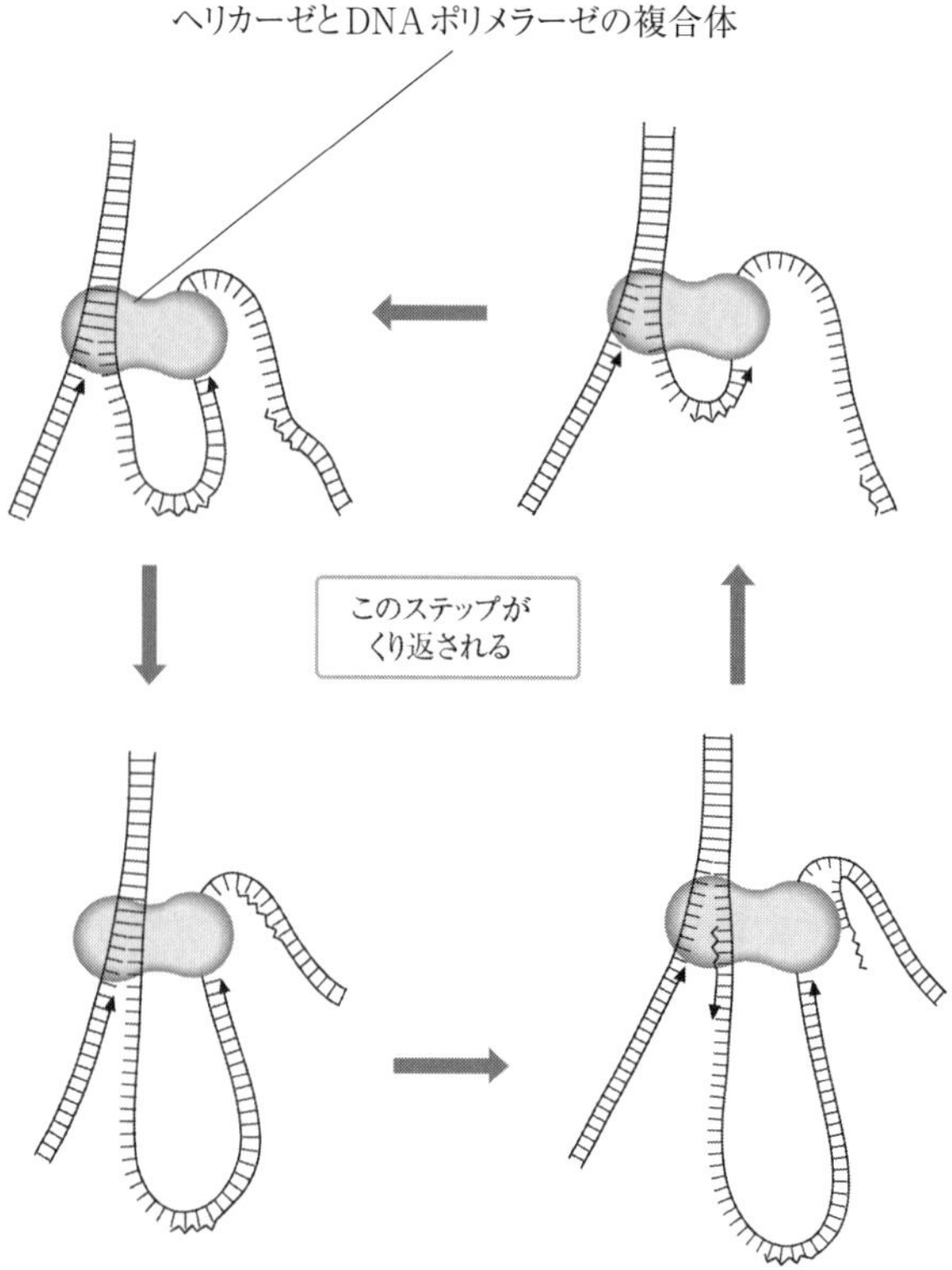

図2-8 トロンボーンモデル　ラギング鎖の合成は、ヘリカーゼとDNAポリメラーゼが複合体をつくっているために、方向が同じになるよう180度向きを変える

のである。

一方、ヘリカーゼと同じ方向にDNAポリメラーゼが動いてつくられるポリヌクレオチド鎖は、「リーディング鎖」とよばれる。二本鎖が引き離されたら、そのままその方向にずーっと複製していけばいいわけだから、ラギング鎖に比べて時間的にも速く複製が進行する。まさに「複製をリードしている」というわけである。

それに対し、一八〇度回転させなければならないぶん、やや複製のタイミングにタイムラグが生じるため、もう一方は「ラギング鎖」とよばれるのである。

ただし、このような込み入った複製の仕方は、僕たち真核生物や一部の原核生物のように、比較的長いDNAをもつ場合であり、きわめて短いDNAしかもたない生物では、これに限らない複製方法もある。詳細については成書（拙著『DNA複製の謎に迫る』講談社ブルーバックス、二〇〇五年など）を参照していただきたい。

僕たちのDNAは、こうして正確に、遅滞なく複製されているのである。

岡崎フラグメント

ところで、僕がかつて在籍していた名古屋大学は、日本のDNA複製研究の中心地だった。ラギング鎖において、少しずつ合成される短いDNA断片を発見したのが、名古屋大学教授の

図2-9 岡崎令治（Alamy/アフロ）

岡崎令治《れいじ》（一九三〇〜一九七五年）だったからである（図2-9）。

岡崎は、白血病によって四四歳という若さで夭折《ようせつ》しなければ、ノーベル賞を受賞していたと誰もが思うようなエラい人だった。

いま、岡崎が発見したラギング鎖の短いDNA断片には「岡崎フラグメント」という名称がつけられ、世界中の教科書に掲載されている。

第3章 生命を動かすRNA

今は目立たない「裏方」として経理の仕事をしている人が、かつては営業マンで顧客からの受けもよく、有名な「会社の顔」だったというようなケースは、実社会でも少なくないだろう。今は裏方の仕事をしているが、かつてはステージに立つ花形のスターだったというケースもありそうだ。

いずれの場合においても、「かつてはスター、今は裏方」という関係性がある。誤解のないようにしていただきたいが、決してスターがよくて裏方が悪いといっているのではない。むしろ裏方のほうが重要だ。

こんな例をここで示したのは、これと同じような関係が、じつは生物におけるDNAとRNAのあいだにも見てとれるからである。

RNAワールド

RNAは、DNAよりも先に地球上に誕生していた物質で、DNAはRNAから進化したと考えられている。

地球上に生物がまだいなかった四〇億年以上も昔のこと。「細胞」という脂質の膜（細胞膜）で包まれた「化学反応の塊」すら存在していなかったこの時代に、どういうプロセスかはわかっていないが、RNAという分子が誕生し、それが自己複製して増えるという世界がつくられていたとされる。

あくまでも仮想的な世界だが、分子生物学の草創期に貢献した著名な科学者で、ノーベル賞受賞者であるウォルター・ギルバート（一九三二年〜）によって提唱された説ということもあり、多くの人が「ほんとうにあった」と信じている世界である。

これを「RNAワールド」という。

RNAワールドでは、RNAが自己複製をするために必要な酵素もまた、RNAからできていたとされる。現在は「リボザイム」とよばれているRNAは、それ自身が酵素としてなんらかの化学反応を触媒する能力をもっている。

リボソームを構成するリボソームRNAのうち、アミノ酸を結合させていく反応を触媒するものは、リボザイムの典型的な例である。RNAワールドにおいても、そうしたリボザイムがすでに多数、存在していたと考えられている。

「プロテイン・ワールド」も併存していた

当時の原始地球には、必ずしもRNAワールドだけが存在していたわけではなさそうだ。おそらくは、並行してタンパク質の世界（プロテイン・ワールド）も存在していたと考えられる。

RNAは、自身が酵素活性をもちうる、きわめて〈柔軟な〉物質でありながら、リボースの2位の炭素（塩基が結合している炭素の次に位置する炭素。27ページ図1−8参照）に水酸基をもつため、そこに含まれる反応性の高い酸素原子を介して周囲の物質などと反応しやすく、分解されやすいという特性ももつ。

そこで、〈RNAワールドの住人たち〉は、自己複製のための酵素としての役割を、やがてより安定な物質であるタンパク質にお願いしようと、並行して存在していたタンパク質ワールドから、一部の要員を引き抜いたのだ。

ほぼ同時期に、RNAの塩基配列がタンパク質のアミノ酸配列を指定する、いわゆる「遺伝暗号」が進化したと考えられる。そうしてRNAは、自らを複製するためのタンパク質のアミノ酸配列を、自身の塩基配列によってコードするようになった。これが、のちに「遺伝子」とよばれるようになったものだろう。

原始地球においては、「遺伝子」といえばRNAで、RNAは文字どおり、当時の地球における「スター」だったのである。

RNAワールドからDNAワールドへ

そのRNAワールドが、徐々にDNAワールドに置き換わっていった——。

これを「スターからの転落」と見るか、「スターよりも裏方のほうがその人にとっての適性があった」と見るかは人それぞれだが、僕は迷うことなく後者の視点をとる。

RNAもまた、複製することによって次世代に自らの遺伝子を引き継ぎ、複製されたRNAはさらに次の世代にその遺伝子を引き継ぐことを繰り返していたはずである。だが、その引き継ぎが、安定的に何世代にもわたっておこなわれるためには、RNAという物質は、先述の理由からいささか〝不安定〟だった。

したがって、遺伝子をより確実に引き継ぐために、RNAワールドはやがて、より安定的な物質であるDNAを遺伝子として用いる「DNAワールド」へと移り変わっていった。いや、「引き継ぐために」という表現は正しくない。結果的にRNAワールドからDNAワールドへと移り変わったのは、より安定的な物質であるDNAが遺伝子の引き継ぎにふさわしかったからなのである。

未解明の交代劇――ポリメラーゼはどう進化したか

DNAワールドは、現在の生物の世界である。

RNAワールドからDNAワールドへの移り変わり、すなわち両者の交代劇が実際にどのようにおこなわれたのか、そのプロセスはほとんど解明されていない。

RNAとDNAは、その構造上、物質的な性質は大きく異なっている。しかし、ともに塩基配列でできた核酸であることから、両者を複製する酵素（ポリメラーゼ）はいずれも「きょうだい」のようなもので、互いによく似ている。「鋳型」としてRNAを使うのかDNAを使うのか、そしてRNAを合成するのかDNAを合成するのかが異なるだけだ（図3-1）。

ポリメラーゼの進化の道筋は、おそらく以下のようであったろうと想定される。

まずはじめに、RNAを鋳型としてRNAを合成する「RNA依存RNAポリメラーゼ」が、RNAワールドにおいて進化した。次に、RNAの材料であるリボヌクレオチドから、DNAの

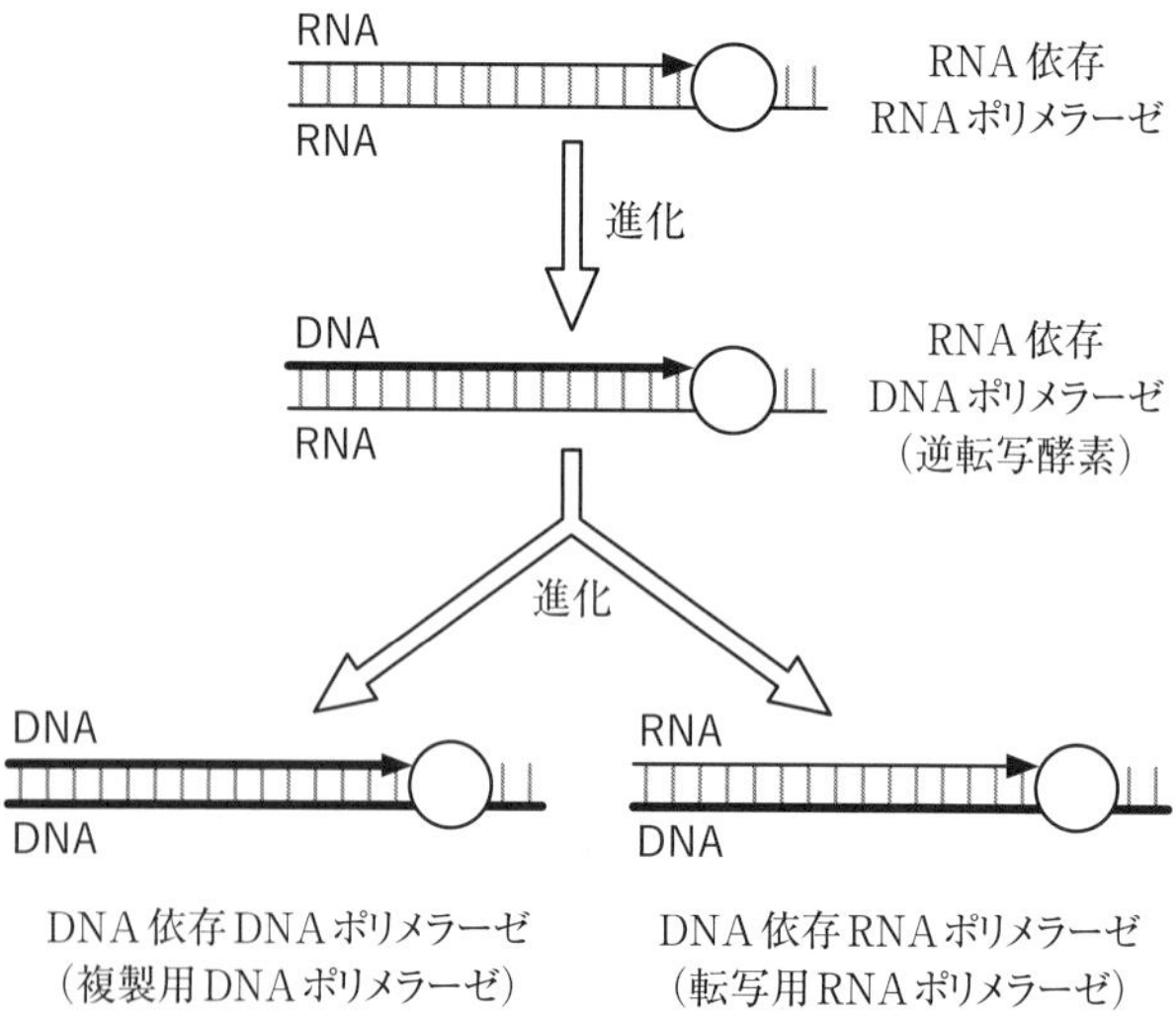

図3-1 ポリメラーゼはみな「きょうだい」 それぞれのポリメラーゼは、みな進化的につながっている

材料であるデオキシリボヌクレオチドが、偶然に合成されるようになり、これを使って、RNAを鋳型としてDNAを合成する「RNA依存DNAポリメラーゼ（今でいう逆転写酵素）」が進化した。

続いて、DNAを鋳型としてRNAを合成する「DNA依存RNAポリメラーゼ（今でいう「転写用RNAポリメラーゼ」）」が、さらにDNAを鋳型としてDNAを合成する「DNA依存DNAポリメラーゼ（今でいう「複製用DNAポリメラーゼ」）」が進化した（図3-1）。

こうしたポリメラーゼの進化と、RNAからDNAへの進化は、卵が先かニワトリが先かの議論と同じく、どちらが先だったかを決めるのはナンセンスである。おそらくともに相互作用しながら起こったに違いないが、他方で、これら核酸（RNAとDNA）と細胞（生物）との関係については、RNAからDNAが進化した後に細胞（生物）ができたのか、まだRNAだった時代にすでに細胞（生物）ができていたのかについては、結論が出ていない。

誰がDNAを進化させたか

面白い仮説がある。

微生物学者でフランス・パスツール研究所のパトリック・フォルテール（一九四九年〜）によるもので、RNAからDNAを進化させたのは太古のウイルスであり、そのウイルスが宿主たる細胞（生物）に、あたかもサンタクロースがプレゼントするかのようにDNAを渡したのではないかというものだ。

生物とは異なり、ウイルスのなかには、RNAを遺伝子の本体として使用している連中がいる。「RNAウイルス」とよばれるウイルスたちで、コロナウイルスもインフルエンザウイルスも、そしてノロウイルスもエボラウイルスも、僕たちがよく知るウイルスの多くはRNAウイルスである。

フォルテールによれば、これらRNAウイルスの祖先か、あるいは今とはまったく異なるタイプのウイルスが大昔に存在していて、それが僕たち生物よりも先にDNAを〈開発した〉のではないか、という。

現在のウイルスは生物よりも自身の遺伝子を複製する機会が圧倒的に多いから、突然変異もたくさん生じる。擬人的な表現を用いれば、ウイルスは生物に比べて、より多く試行錯誤《トライアンドエラー》をしながら〝新しいもの〟をつくり出す機会が多い。だから、RNAからDNAをつくることができたのではないか。

ホントかどうかはわからないが、ウイルスがDNAをつくったなんて、聞いているだけで、そして書いているだけでワクワクするような話である。

〈仲介役〉か、あるいは〈主役〉か

いかにRNAの起源が古く、ワクワク感があるとはいえ、昔は昔、今は今だ。冷静に考える必要がある。

僕たち生物では、タンパク質の設計図たる「遺伝子」はDNAであり、そこから転写されてつくられるメッセンジャーRNAは、RNAとはいえDNAの〈先輩〉というより、その名のとおりの「伝令（メッセンジャー）役」である。

〈スターの座〉をDNAに明け渡し、自らは〈裏方〉として、〈スター〉であるDNAの指令を、

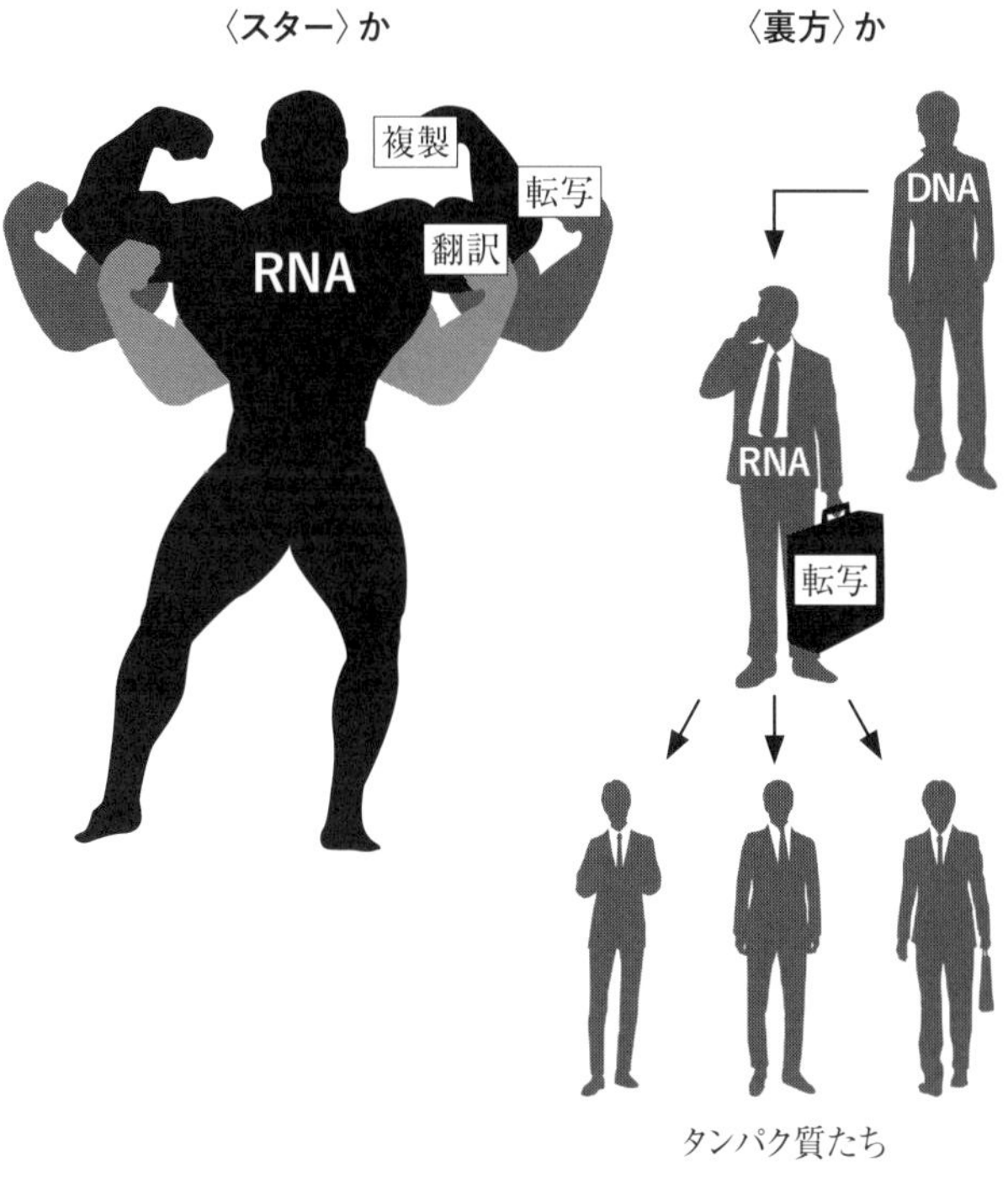

図3-2 RNAは〈裏方〉か、それとも〈スター〉か

タンパク質合成装置であるリボソームに運ぶ役割を担っている。ここに、かつての〈スター〉はその役割を終え、〈裏方〉に徹するようになったという比喩が生まれる（図3-2右）。

遺伝子の本体としてはたらいていたかつてのRNAは、遺伝子を引き継ぐにはより安定な物質であるDNAのほうがふさわしいという理由から、DNAの〈開発〉とともにその役割を静かに終えた。化学反応の触媒たる酵素としてのRNA（リボザイム）もまた、より安定な物質であるタンパク質へと、その役割を明け渡した。そうしてRNAは、タンパク質合成装置であるリボソームと、DNAの塩基配列として細胞の中に収まった遺伝子の〈仲介役〉という、新たな役割を果たすようになった。

ただし、この筋書きはタンパク質のアミノ酸配列をコードするメッセンジャーRNA、すなわち「コーディングRNA」の場合にあてはまるものである。

先ほども述べたように、RNAウイルスがもっているRNAは、RNAそのものがウイルスのゲノムだから、昔ながらの遺伝子としてのはたらきをそのまま担っているといえるし、僕たち生物には「ノン・コーディングRNA」というRNAがあり、これは自らはタンパク質のアミノ酸配列をコードしないけれども、それ自身がなんらかの積極的な機能をもっているようなRNAである（リボソームRNAやトランスファーRNA、そのほかの低分子RNAなど）。

つまり、こうしたRNAたちはかつてのRNAのごとく、今も変わらず〈スターダム〉にいるといえるのかもしれない（図3－2左）。

細胞機能の〈主役〉はRNA

どのような場合においても、裏方の存在は重要である。裏方がいるからこそ、スターはスターでいることができる。神輿《みこし》は担がれてこその神輿なのだ。

極端なことをいえば、スターは誰にでも務まる。一方、裏方にはさまざまな能力や技術力が必要なことが多いから、誰でもいいなんてわけにはいかないし、頭もよくないといけない。求められる資質がいくつもあるのだ。

生物におけるDNAとRNAの立ち位置も、これと似たようなものだろう。これまで述べてきたように、生物のしくみを下支えし、司っているのは昔も今もじつはRNAなのであって、DNAはその〈設計図〉になっているにすぎない。DNAがあってこそのRNAなのではなく、RNAがあってこそのDNAなのである。

〈仲介役〉という表現は、メッセンジャーRNAのはたらきを一言で言い表すとそれがいちばんイメージしやすいというだけである。彼ら自身が「俺ら、仲介役やで」などと思っているわけはない。RNAたちはむしろ、「俺たちがいるから、あんたの存在意義があるんだよ。そこんところをわかっとるか、DNAさん」と思っているはずだ。

最近は、リボソームRNA、トランスファーRNA以外の、それ自身がなんらかの機能をもつRNA（低分子RNAや長鎖ノン・コーディングRNAなど）がずいぶん知られるようになってきて、細胞のさまざまなシーンで非常に重要な役割を担っていることが明らかになってきた。ここでは詳しくは紹介しないが、もちろん彼らは〈仲介役〉などではない。むしろ彼らこそ、細胞機能の〈主役〉なのである。

細胞分裂で引き継がれるのはDNAだけ？

ＲＮＡワールドの考え方からすると、「世代を通じて引き継がれるＤＮＡのプロトタイプは、そもそもＲＮＡだった」といえる。ＤＮＡが〈開発〉されるまでのＲＮＡワールドでは、ＲＮＡが複製されていた。ＲＮＡ分子自身を「世代」とよぶことができるのなら、ＲＮＡの塩基配列が世代を超えて引き継がれていたと考えられるからである。

やがてＤＮＡが〈開発〉されてＤＮＡワールドになり、世代を超えて引き継がれる役はＤＮＡに取って代わられたわけだが、ＲＮＡが完全にその役割から〈引退した〉わけではないようだ。現在の細胞において、世代から世代へ、細胞から細胞へと引き継がれるのは、じつはＤＮＡだけではないという話である。

僕たちの体のほとんどすべての細胞にあるヒトゲノム（例外として、たとえば赤血球には細胞核がないのでゲノムがない）は、すべて一個の受精卵に由来する。ということは、その途中途中で生じた突然変異を除けば、すべての細胞に存在する塩基配列は同一のはずである。

それにもかかわらず、なぜ肝細胞とか表皮細胞、筋細胞とか神経細胞、毛根細胞みたいな個々の細胞の違いが生じるのだろうか？　また、たとえば肝細胞なら、肝細胞になって以降の細胞分裂が起こっても肝細胞のままでいつづけることができるのはなぜだろうか？

それは、ＤＮＡの塩基配列以外で、それぞれの細胞特有の変化（「エピジェネティックな変化」という）が起き、しかもその現象が、細胞が分裂してもその後の細胞に「引き継がれる」からである。だから肝細胞は分裂しても肝細胞のままだし、リンパ球は分裂してもリンパ球のままなのだ（第５章末尾の「コラム」も参照のこと）。

さまざまな化学反応がこの現象の原因になることがわかっているが、要因の一つは、じつはＲＮＡであるともいえる。

細胞の巧妙な戦略

各細胞の細胞質には、基本的にメッセンジャーＲＮＡが大量に存在し、そこにあるリボソームに取りついて、つねにタンパク質をつくりつづけている。細胞内のタンパク質には寿命があるから、つねに補充が必要であり、メッセンジャーＲＮＡのはたらきは、一瞬といえども止まることは許されない。

このことは、細胞が分裂するに際してもあてはまるはずだ。細胞分裂はたしかに一大イベントだが、組織のトップが「ある一つの案件」だけに注力して、その他の重要案件を放ったらかしにすることが許されないのと同じく、細胞分裂に注力するあまりメッセンジャーＲＮＡをつくるの

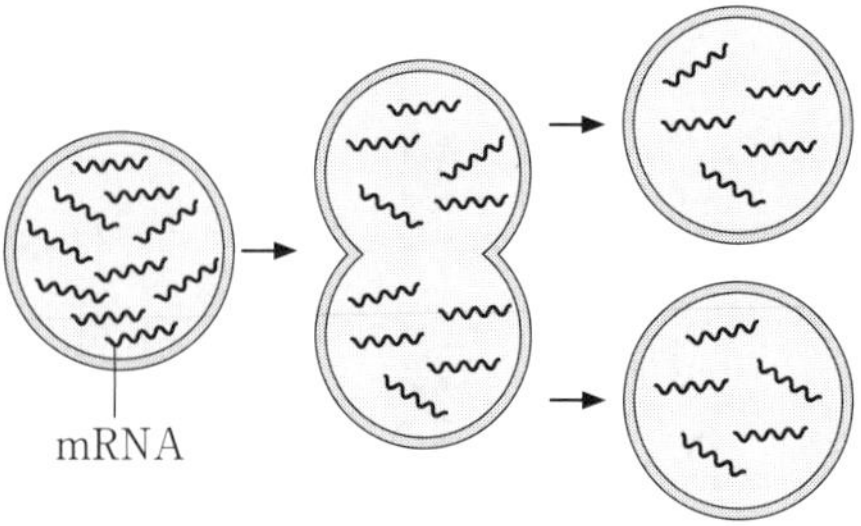

図3-3 引き継がれるmRNA　細胞が分裂する際、細胞質に存在するmRNAは分裂後の細胞にも引き継がれるはずである。ただし、不安定なのですぐに分解され、新たなmRNAが分裂後の細胞でつくられるだろうが

を忘れる、なんてことは細胞には許されない。

したがって、大量のメッセンジャーRNAもまた、分裂後の細胞に引き継がれることになる（図3－3）。細胞の種類が異なれば、発現している遺伝子も異なるから、当然、細胞質に存在するメッセンジャーRNAの種類も異なる。それが細胞の分裂後も引き継がれるわけだから、肝細胞が分裂しても肝細胞のまま、リンパ球が分裂してもリンパ球のまま、すなわち、細胞の種類が途中でガラッと変わることはないというのもうなずける。

細胞は、〈設計図〉としてDNAの塩基配列に書き込まれた遺伝子以外の、実際に今、その場所で機能しているさまざまな要素もまた、RNAを使って、正確に次の細胞に引き継いでいっているといえるだろう。

＊

さて、第1部もこれで終わりである。

第1部では「引き継がれる」ということ、すなわち、その主体であるDNAの構造と性質、複製、そしてRNAの役割についてお話ししてきた。しかし、それだけで終わったのでは、この本を読んでいただく意味がない。

つまり、この先の第2部と第3部で語られる内容こそが、じつはDNAの〝真骨頂〟なのだ。

ここで読み終わっちゃあ、後悔しますぞ。

コラム

三本鎖DNAの謎

親友と二人で遊んでいるときに、途中であまり仲の良くない子に割り込みをされる、なんてことは多くの人が経験してきたに違いないが、ここではむしろ「あやとり」の例を出したほうがよいかもしれない。二人であやとりをしているところに三人めが割り込んでくる、というケースである。二人の対戦が非常に連続的で、何回やっても勝負がつかなかったところに、三人めが割って入っていきなり終わってしまったら、なんとも悲しい気持ちになる。

DNAといえば「二重らせん」であり、「二本のDNAが相補的な塩基を介して抱き合っている」というお馴染みの描像はもはや常識である。常識ではあるのだけれど、じつはここに、懐から手を入れてこちょこちょとこそぐられるがごとく、あるいは二人羽織のように他人の手が自らの袖に入り込んでくるがごとく、その常識に楯突く状態が時としてあるということが明らかになっている。

それが、「三本鎖（三重鎖）DNA」である。イメージとしては、二重らせんを呈したDNAの、らせん型をした溝のうち、太い溝（主溝）に下のほうから細長いヘビがにょろにょろと這い上ってくるシーンを想像するとよいかもしれないが、誤謬《ごびゅう》をもたらす可能性もある。

第1章でも述べたように、DNAが通常つくる塩基対は「ワトソン・クリック塩基対」で、AとT、GとCがペアを組み、それぞれ水素結合二本、三本で塩基対を形成するものである（19ページ図1－4を参照）。

ところが、これら塩基の性質としてもう一つ、「フーグスティーン塩基対」とよばれる特殊な塩基対が形成される場合がある（図3－4）。この塩基対は、AとT、GとCがペアを組むのは同じだが、ワトソン・クリック塩基対とは異なる水素結合が生じるものである。その結果、三本鎖や四本鎖のDNAが生じることが知られているのだ。

さまざまな立体構造のパターンがあるようだが、いちばんわかりやすいのは、通常のワトソン・クリック塩基対を形成している二本鎖DNA（二重らせん）に対して、余計なD

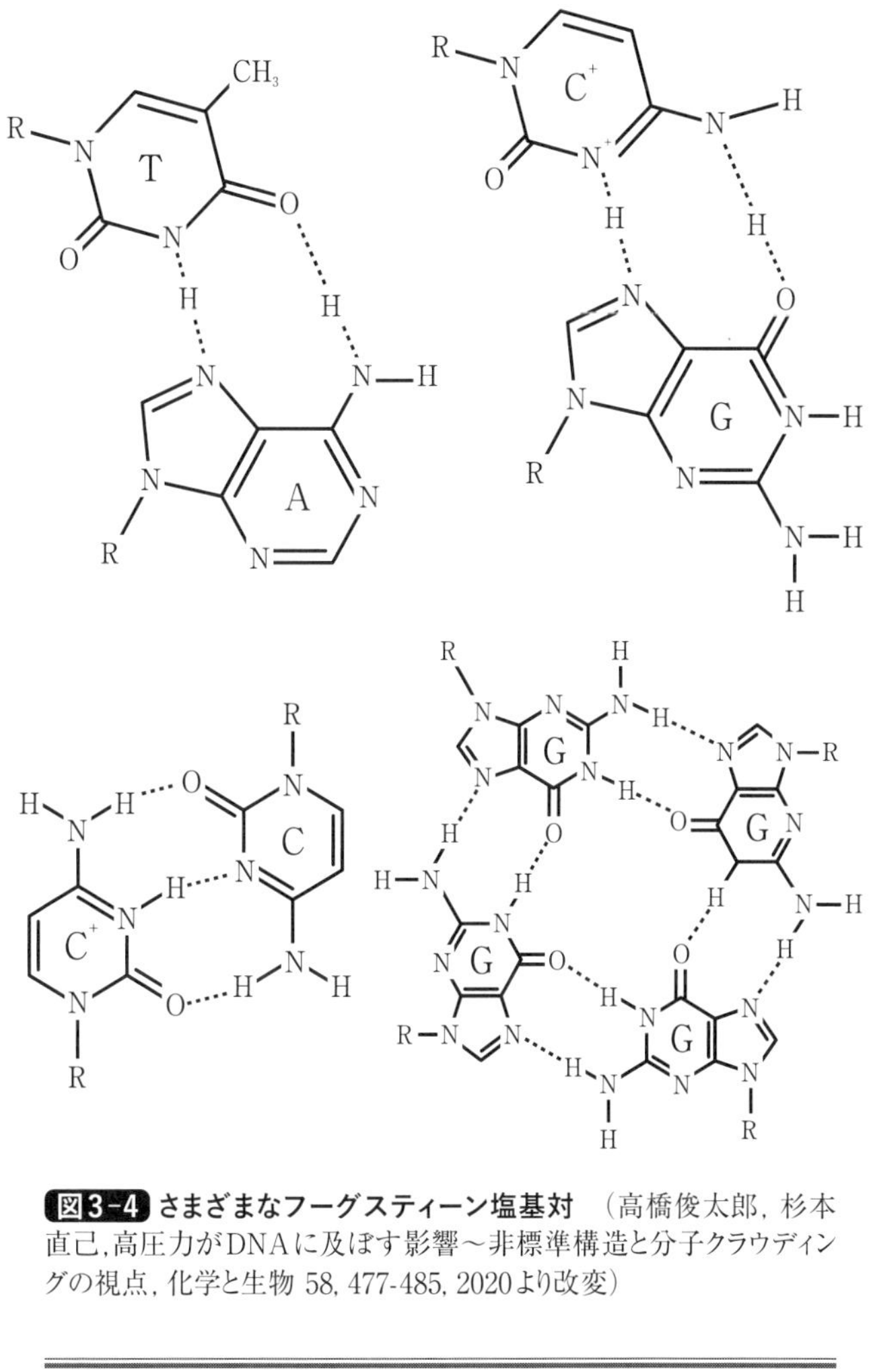

図3-4 さまざまなフーグスティーン塩基対（高橋俊太郎, 杉本直己, 高圧力がDNAに及ぼす影響～非標準構造と分子クラウディングの視点, 化学と生物 58, 477-485, 2020より改変）

NAが一本やってきて、らせんの空いている部分からフーグスティーン塩基対を形成してしまうものだろう。

この「余計なDNA」は多くの場合、すぐそばのDNAがグーッと引き寄せられるように二重らせんに入り込み、三本鎖や四本鎖を形成してしまうもので、その結果、DNAの構造が大きく変化して、遺伝子発現などを促進したり抑制したりすると考えられている。

二重らせん状態はたしかに非常に安定的だが、それ以外の構造になるのを拒否するようなものでは決してなく、DNAというのはきわめてフレキシブルに、時と場合によってさまざまな構造をとりうる物質なのである。

第2部

変化するDNA

変化するDNA
変化するDNA
変化するDNA

久しぶりに会った人からかつての精悍な面差しが完全に消えて、まったく異なる顔立ちに変化していたなど、旧知の人の印象がガラッと変わったという経験をした人は少なくないだろう。悪い意味で変化したという場合もあれば、良い意味で変化したという場合もあるはずだ。

僕なんかは、まあ情けないことに、三〇代で毛（もちろん髪の毛のことである）が薄くなりはじめ、四〇代の後半には剃り上げて海坊主のような髪型にしたものだから、四〇代以降はまったく顔を合わせなかったという人に久しぶりに会うと、おそらくその人は僕に対して余計な同情と憐憫《れんびん》の情をもよおし、「なんとまあ、お気の毒に」などと思うことだろう。

そういう場合は僕のほうも、「なんとまあ、まったくお変わりないとは、じつにご愁傷様です」と思うようにしているものだから、世も末である。考えてみれば「生物が変化する」というのは当たり前のことなのだから、なにも思い悩むことはないのである。

少なくとも、多細胞生物でかつ有性生殖によって増えるものであるなら、年をとって使い物にならなくなる前に、フレッシュな個体をつくり出しておこうという戦略に従って、どんな生物でも「老化する」ようになっている。ならば、老化とは、どのようにして起こる現象なのか。なぜ僕は、このように惨めな海坊主と化してしまったのか。

その主たる原因は、おそらくやはり、DNAがそのカギを握っている。

変化するDNA──。それが、第2部のキーワードである。

第4章 「突然変異」はどう起こる？

老化にもさまざまな原因があるが、最も大きな要因の一つをあえてここに挙げるとするなら、生物の細胞は「分裂するたびに少しずつ変化するから」ということがある。

分子レベルの話をすれば、細胞が分裂する前に必ずおこなわれる「ＤＮＡの複製」では、わずかではあるものの「複製エラー」が生じるため、ＤＮＡは複製するたびに、時々刻々と少しずつ変化する。ＤＮＡの複製は「遺伝子」の複製を含むので、遺伝子は、複製されるたびに複製エラーによって少しずつ変化する可能性をはらんでいるということである。

そのエラーが「固定」されてしまうと、どうなるか？　「突然変異」とよばれる、塩基配列の不可逆的な変化となるのである。

DNAが悪い！

頭が禿げるという切ない現象には、その人の人生における突然変異の蓄積という側面と、もって生まれた遺伝という側面がある。それでもやはり、僕の遠い昔の祖先から現代にいたるまでの、連綿とした生殖細胞の系列のなかで突然変異が起こり、禿げるようになってしまった可能性を考えると悲しい。いずれにしても、「DNAが悪い」のである。

DNAは、それが遺伝子であろうが遺伝子でなかろうが——すなわち、コード領域であろうがそうでなかろうが——、複製するたびに、ほんのわずかずつではあっても「変化する」シロモノである。むしろ、「変化してこそのDNA」であるともいえるのであって、往年の長嶋茂雄のマネをして「わがDNAは永久に不滅です！」などといっても、まったく説得力はない。

先にも触れたように、僕は大学院生時代、DNAポリメラーゼの研究をしていた。僕が研究していたのは、真核生物のDNAポリメラーゼのうち、「DNAポリメラーゼα《アルファ》」という酵素だった。

新型コロナウイルスとその変異株が、検出順にα株、β《ベータ》株、γ《ガンマ》株、δ《デルタ》株、そして、ずーっといってο《オミクロン》株というふうに名前がつけられていたことは記憶に新しいところだ。これと同様に、DNAポリメラーゼ「α」もまた、一九六〇年にフレデリック・ボラム（一九二七～二〇二三年）という研究者によって真核生物で最初に発見されたDNAポリメラーゼであったがために、ギリシャ文字の最初の文字である「α」がその名につけられた。

その発見以来、「仔牛胸腺《きょうせん》」というウシの臓器から精製することがDNAポリメラーゼαのオーソドックスな精製方法となり、僕もその例にもれず、食肉処理場からもらってきた仔牛胸腺（胸腺は当時は売り物にならず、捨てられていたから譲ってもらえたのだった。今はどうかわからない）を出発材料としてこの酵素を精製し、研究に使っていた。

ちなみに、世界で最初に発見されたDNAポリメラーゼは大腸菌のもので、発見者であるアーサー・コーンバーグ（一九一八～二〇〇七年）はノーベル賞に輝いた。これに対して僕は、頭が輝いているだけの単なるオッサンになり果てた。

消しゴムがついていない鉛筆

DNAポリメラーゼαには、ある面白い特徴がある。

真核生物のDNA複製をメインにおこなうのは、「α」ではなく「DNAポリメラーゼδ」や「DNAポリメラーゼε《エプシロン》」という酵素で、これらの酵素には修復機能が備わっている。修復機能

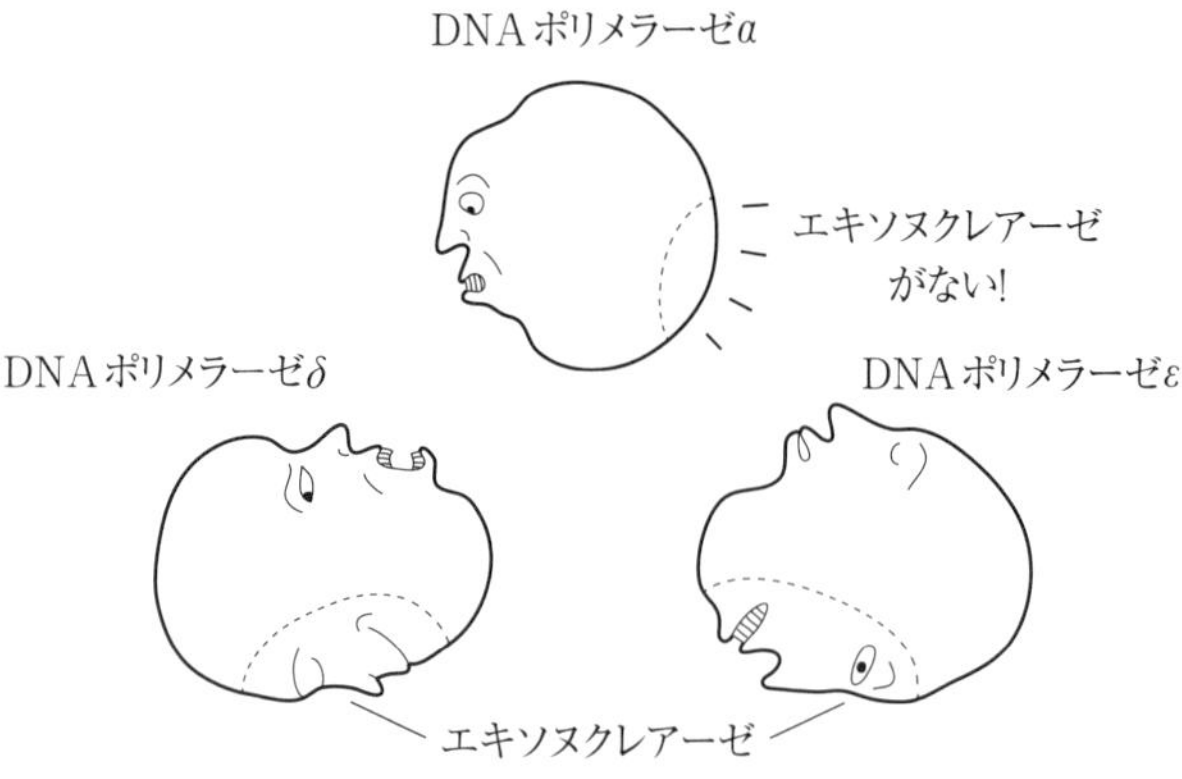

図4-1 DNAポリメラーゼとエキソヌクレアーゼ DNAポリメラーゼδ、εにはエキソヌクレアーゼ活性があるが、DNAポリメラーゼαにはない

とは、3′→5′エキソヌクレアーゼという酵素活性で、僕はよく、鉛筆のお尻についた消しゴムに喩えている（100ページ参照）。

ところが、DNAポリメラーゼαには、修復機能が備わっていない（図4-1）。つまりこの酵素は、書いたら書きっぱなしの〈消しゴムがついていない鉛筆〉なのである。ただ、DNAポリメラーゼαに最初から修復機能がなかったわけではなく、当初は備わっていたと窺《うかが》わせる分子の痕跡はある。正確にいえば「進化の過程で修復機能を失った」ということに該当するらしい。

修復機能がないことが、「なんでオモロイ特徴なんや」などと思わないでいただきたい。

修復機能が失われると、いったいどういうことになるのか――。ここを掘り下げていくことが、本章の根幹ともいえる問いだからである。

「突然変異」はDNAに生じる

「突然変異」という言葉が使われる際、ときとして「ある生物Aが突然変異を起こして生物Bになった」というような言い方が散見される。かつてのゴジラ映画も、そんな文脈でこの怪獣の誕生の経緯が説明されてはいなかっただろうか。これはおそらく、「突然」という言葉が含まれているがゆえに、その生物になんらかの変異が起こって、異なる形をした生物がい、き、な、り生まれるのが突然変異だ、と誤解されているからだろう。

それと関連して、今後の高校生物の教科書では、突然変異という言葉から「突然」の語句が消され、単に「変異」という言葉に置き換えられていくことになっている。その理由には二つあり、第一に、先述の誤解を生みやすい表現を改めること、第二に、対応する英語「mutation」に合わせることである。

とはいえ、本書は教科書ではないから、馴染みの深い「突然変異」という表現を、引き続き使っていくことにしよう。

そもそも「突然変異」とは、いったい何を指す言葉なのか。

先ほどの「ある生物Aが突然変異を起こして生物Bになった」という現象が現実には起こりそうにないのは、突然変異という言葉が「生物の形や大きさがいきなり変わってしまう」変化に対する言葉ではないからである。

突然変異とは「DNAに生じるもの」であり、DNAに生じるということは、別の言い方をすると「DNAの塩基配列が変わる」ということである。しかも、単に「変わる」だけではなく、「半永久的に変わる」現象であり、もはや元に戻らないことを意味している。それが、「突然変異」なのである。

さまざまなタイプの突然変異

この突然変異、すなわち「塩基配列の変化」には、さまざまなタイプがある。

最もひんぱんに起こると考えられている突然変異は、一つの塩基が別の塩基に変化する「置換」である（図4-2①）。生物に起こる、ほとんどの突然変異がこれにあたると考えられる。

というのも、突然変異の主要な原因である「複製エラー」は、DNAポリメラーゼが塩基対を形成する際に正しくない塩基をもつヌクレオチドをときどき間違って置いてしまい、そのままホスホジエステル結合をつくってしまうからである。

文字どおりの「エラー」であり、文章を書く際に、本来の漢字とは間違った漢字を使ってしまう誤用がこれにあたると思えばよい。ワープロソフトがこれだけ普及する現代では、さしずめ「変換ミス」といったところだ。

A	T	C	G	C	A	T	G	C	A	T	G
T	A	G	C	G	T	A	C	G	T	A	C

正常

A	T	C	G	T	A	T	G	C	A	T	G
T	A	G	C	A	T	A	C	G	T	A	C

①置換

A	T	C	G		A	T	G	C	A	T	G
T	A	G	C		T	A	C	G	T	A	C

②欠失

A	T	C	G	C	T	A	T	G	C	A	T	G
T	A	G	C	G	A	T	A	C	G	T	A	C

③挿入

A	T	C	G	C	C	G	T	A	A	T	G
T	A	G	C	G	G	C	A	T	T	A	C

④逆位

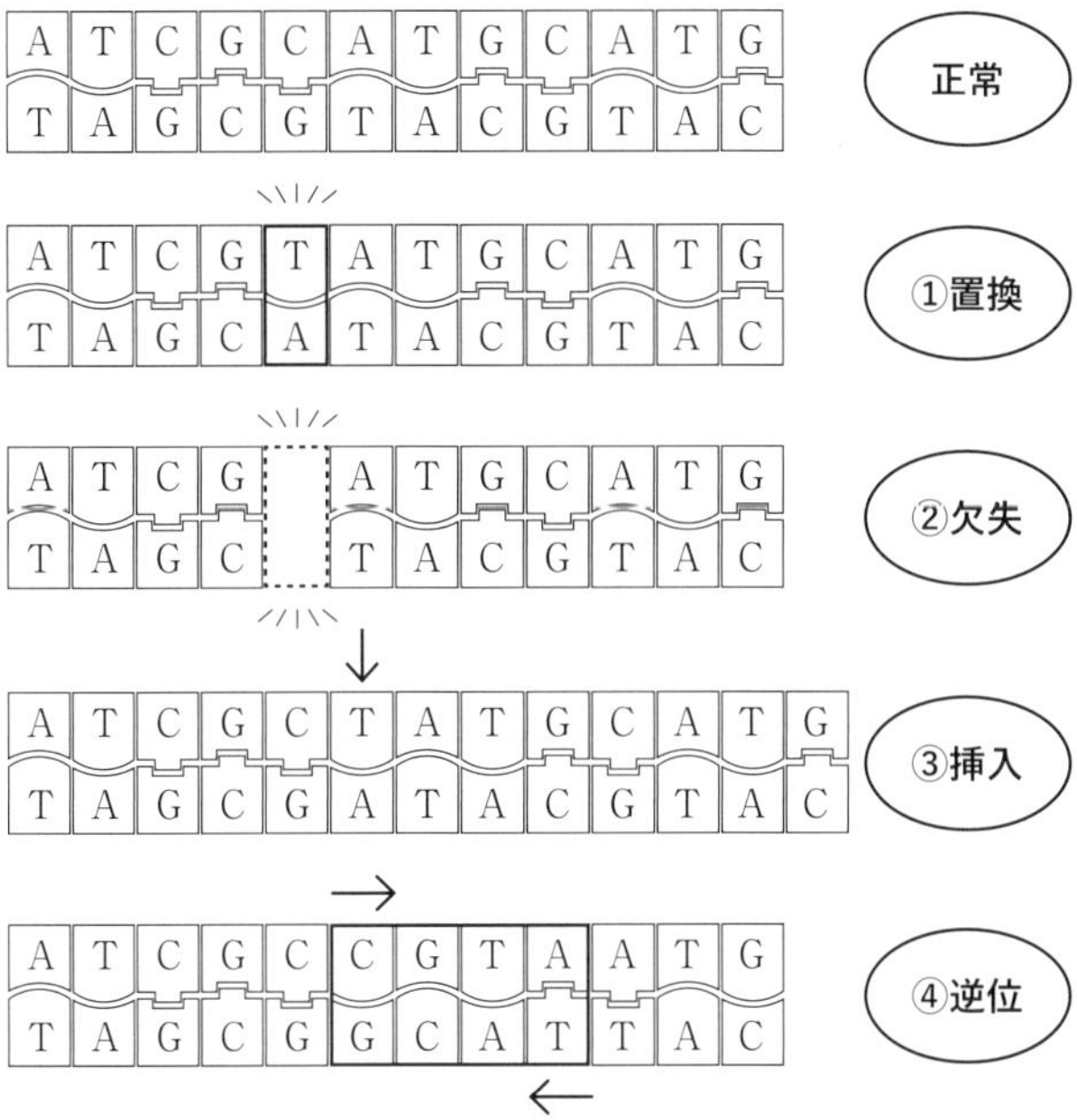

図4-2 突然変異の種類

複製エラーは、そのほとんどが一時的なもので、通常はすぐに修復される。ところが、それが修復されないまま次の複製を迎えてしまうと厄介な事態が生じる。

というのも、この間違った塩基のペアとしてDNAポリメラーゼによって次に置かれ、新たに対面する塩基は、通常 "正しいもの" が入り、ワトソン・クリック塩基対をつくるはずで、その時点で正しい塩基対として固定されてしまうからである。そうなると、もはや修復の対象にはならなくなる。こうして、後戻りができない「半永久的に変わった」塩基対が生じることになるのだ。

「置換」以外にも、複製される際にある塩基対や一定の長さの塩基配列が失われ、その結果としてDNAが短くなってしまう「欠失」（図4－2②）、欠失とは逆に、新たな塩基対ができたり、一定の長さの塩基配列が入り込んだりしてDNAが長くなってしまう「挿入」（図4－2③）、そして塩基配列が逆向きになってしまう「逆位」（図4－2④）や、塩基配列が染色体の別の場所に移ってしまう「転座」なども、突然変異の一種として知られている。

塩基の置換などは遺伝子レベルの変異なので「遺伝子突然変異」とよばれ、転座などは染色体レベルの変異であることが多いので「染色体突然変異」とよばれることもある。

「遺伝子」以外への影響も

DNAに生じるこのような突然変異は、タンパク質のアミノ酸配列をコードする「遺伝子」としてはたらく部分にも、当然のことながら生じる可能性がある。したがって、場合によってはコードされているアミノ酸配列にも影響を及ぼす。

しかし、第1章でも述べたように、僕たちヒトの場合、一つの細胞に収まっているDNA（ヒトゲノム）のうち、実際にタンパク質のアミノ酸配列の情報になっている部分（コード領域）は一・五パーセント程度にすぎない。しかも、こうした突然変異は、DNA上で比較的ランダムに起こると考えられている。つまり、すべての突然変異がタンパク質の変化をもたらすわけではないのだから、DNAに突然変異が起こったからといって、いきなり生物Aが生物Bを生み出すなんてことは起こらないわけだ。

ただ、生物のゲノムのかなりの部分は「非コード領域」であるとはいえ、多くの部分からはRNA（ノン・コーディングRNA）が転写され、そのRNAがなんらかの機能を担っていることが少しずつわかってきている。DNAに突然変異が生じると、タンパク質の変化とはまた別に、「RNAが関わるしくみ」に影響が出る可能性はある。

複製エラーの驚くべき「低頻度」

僕はピアノを弾くのが好きだ。

弾くといってももちろん趣味のレベルだから、その技巧はプロのピアニストには遠く及ばないが、ミスタッチだらけの耳障りな状態であろうと、かまわずに弾いている。プロのピアニストの演奏を聴いていても、ときどきミスタッチに出合うことがある。数ある音のうちのほんのわずかとはいえ、上手の手から水が漏れることはあるのだ。

ピアノの演奏に喩えるならば、DNAを複製するDNAポリメラーゼは、プロのピアニストであるといっても過言ではない。第2章で述べたように、触媒する反応はホスホジエステル結合の

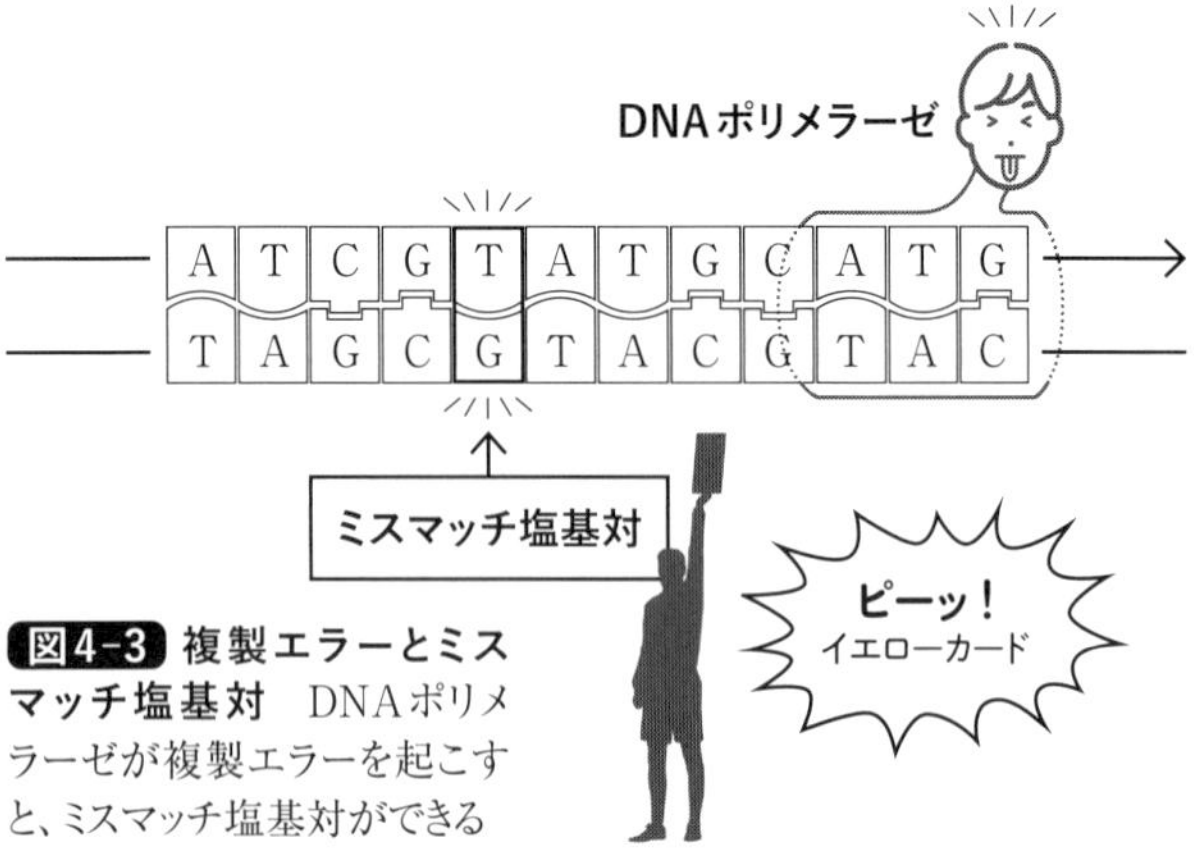

図4-3 複製エラーとミスマッチ塩基対 DNAポリメラーゼが複製エラーを起こすと、ミスマッチ塩基対ができる

形成であり、正しい塩基をもつヌクレオチドをそこに「置く」こと自体を触媒するわけではないが、立体的なフィットネス（しっくりくるかどうか）を指標に、ほぼ確実に、鋳型に対して相補的な塩基をもったヌクレオチドを置くことができるという優秀さをもつ。

とはいえ、プロのピアニストがそうであるのと同様に、さしものDNAポリメラーゼといえども、たまに「ミスタッチ」をする。

たとえば、そこにある鋳型の塩基が「T」であれば、本来はそのペアの相手として「A」を置くべきところなのに「G」を置いてしまったりする。この「TG塩基対」の形成は、明らかにDNAポリメラーゼの〈ミスタッチ〉、すなわち「複製エラー」であり、生じた塩基対を「ミスマッチ塩基対」という（図4-3）。

もっとも、その頻度は決して高くはなく、多くても一〇万回に一回程度、少なければ一〇億回に一回ほどのレベルである。僕のピアノ演奏と比べたら、月とスッポンだ（もちろん、僕のピアノがスッポンです）。

複製エラーはなぜ起こるのか

頻度は決して高くないとはいえ、なぜ複製エラーは起こってしまうのだろうか。

DNAポリメラーゼが複製エラーを起こす最大の要因は、何度も述べているように、DNAポリメラーゼが、本来は相補的な正しい塩基を置いて「正しい塩基対」を形成する反応を触媒するわけではないからだが、これは、いわば「なんでこんなことしたんだ！」と上司に怒られた新人サラリーマンが、「いや、そんなこといわれても、これ、もともと僕の仕事じゃないですし」と言い訳しているのと同じなので、科学的な推測とはいえない。

たしかに科学的な物言いではないが、一秒間に数千もの塩基を置いていくハチドリ的〈パタパタ〉（60ページ参照）をイメージするだけでも、「あ、なんか一つくらいはミスしそうだな」ということは容易に想像がつく。

分子の世界では、たとえばタンパク質がいつもその構造を石のように完全に確定してはたらいているとは限らず、つねに分子のそこかしこが微妙にゆれ動いている。実際の複製エラーは、そういった「ちょっとした立体構造のゆらぎ」が原因になって、本来はそう感じないはずの間違った塩基でも「しっくりとした感じを得てしまう」からかもしれない。

誤りを放置しない〈正直者〉

細胞の中でDNA複製がおこなわれる際に、実際にどの程度の割合、あるいはどの程度の頻度で複製エラーが生じているのかは、じつは誰も知らない。先ほど紹介した一〇万回に一回ほどの頻度というのは、試験管内における実験の結果に基づく数値であり、実際の細胞内でも同程度の頻度で生じる可能性はある。

ただし、複製エラーの大部分は即座に修復されるから、最終的には一〇億回に一回くらいの頻度にまで下がると考えられている。ここがプロのピアニストとは大きく異なるところで、ピアニストのミスタッチは通常、修復されることはなく、「なかったものとして」そのまま曲は続いていく。コンサートでミスタッチしたからといって、ピアニストがそこでおもむろに立ち上がり、「申し訳ありません、四小節前から弾き直します」といって演奏し直すなんてことは考えられない。DNAポリメラーゼはその点、〈正直者〉である。

92ページで述べたように、DNAポリメラーゼの場合、鉛筆のお尻についた消しゴムのような「3′→5′エキソヌクレアーゼ」という酵素活性をあわせもっていることがほとんどである。したがってDNAポリメラーゼによる複製エラーは、この酵素活性によって生じた直後に取り除かれ、正確な塩基をもつヌクレオチドがきちんと置き直される。

誤りをそのまま放置しておかないのが、DNAポリメラーゼの良いところである。そのため、ほとんどの複製エラーは、〝証拠〟としてその後に残ることがない。すごいもんである。

DNAポリメラーゼが抱える「不安」

本を書く人間にとって最も恐ろしいのは、出版された本をあらためて読み直す際に、校正しきれなかった誤字・脱字を発見することである。著者自身が発見する場合もあれば、編集者が発見する場合もあるが、いちばん恐ろしいのは、読者に発見されて指摘されることだ。

どういうわけか、何回も推敲《すいこう》したはずの原稿からゲラ（校正刷り）となり、出版社の校閲部門と編集者、そして著者自身が何回も校正して、十分にチェックしたはずなのに、出版されて初めて気がつくアホな間違いというのが、往々にしてあるのだ。

DNAの複製エラーも（DNAポリメラーゼも、といったほうが正確かもしれない）、本の著者たちが抱える不安や悩みと同種のものをお持ちのようである。つまり、いくら有能な修復メカニズムが備わっていたとしても、どうしても最後まで修復されずに残ってしまう複製エラーがあるからだ。この場合の「最後まで」というのは、「次にDNAが複製されるまで」という意味だ。

というのも、95ページでも述べたように、次にDNAが複製されてしまったら、突然変異として固定されてしまう、すなわち、「もうおしまい」だからである。

でも、ご安心ください。

複製エラーが生じた刹那《せつな》、たとえAとC、GとTなどのような「ミスマッチ塩基対」になってしまったとして、ふつうなら前述のようにDNAポリメラーゼの校正機能（3'→5'エキソヌクレアーゼ）が除去してくれることになっている。しかし万一、校正がなされなかった場合は、DNAの構造上の不具合を見つけてくれる別の修復機構が、このミスマッチを発見してくれる。

要するに、正常なワトソン・クリック塩基対ではないミスマッチ塩基対になっている箇所は、その直径がきっちりと二ナノメートル程度となっているはずの二重らせんの幅からボコッと飛び出したような、あるいは凹《へこ》んだような、「どこかヘン」な構造になるのである。

この「どこかヘン」な構造を認識し、元どおりに修復してくれるその機構を「ミスマッチ修復機構」という。

「固定される」突然変異

この修復システムがミスマッチ塩基対を見過ごし、そのまま次の複製を迎えてしまうとどうなるか。

95ページで述べたように、次の複製では新たな正しい塩基対が、元はミスマッチ塩基対だった

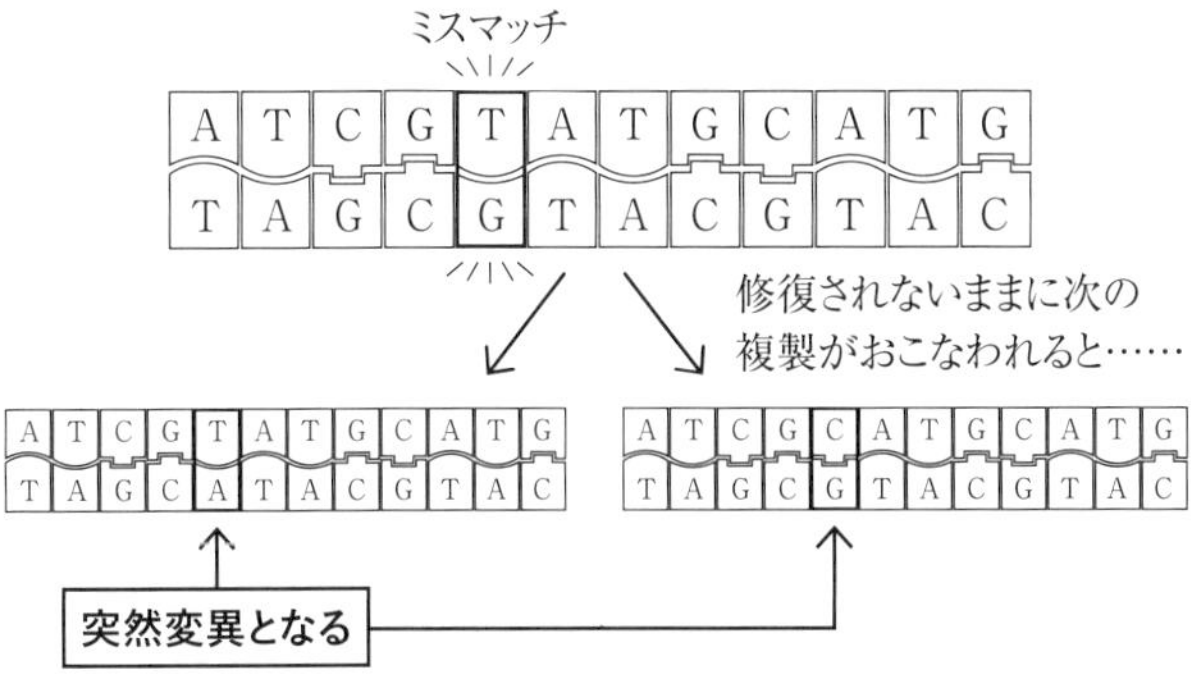

図4-4 ミスマッチの放置と突然変異

それぞれの塩基に対して生じてしまうため、もはや修復機構がこれを「修復すべきもの」と見なさなくなってしまう。いったん生じたミスマッチ塩基対は、そのまま次の複製が起こってしまうとほとんどの場合に〝正しい塩基対〟となり（二回続けてミスマッチとなる確率は非常に低い）、もはやミスマッチではなくなってしまうのである（図4-4）。

こうして、複製エラーが見過ごされ、次の複製がおこなわれた時点で、その複製エラーは「突然変異」として固定される。

突然変異は、その経緯を知っている人間たちからすれば「変異」だが、その刹那にのみ執念を燃やす生体分子たちには、経緯なんか関係ない。いまそこにあるものがミスマッチなのかミスマッチでないのかだけが重要なのである。突然変異は、誤字・脱字が残ったまま印刷されてしまった紙の本と同様、偶然に二回めの突然変異が起こって元の塩基対に戻る可能性もないことはないが、往々にしてもはや元には戻らない。

複製エラーは本来、外からの要因が元になって生じるものではない。ＤＮＡポリメラーゼがもともともっている、「いかに正しい塩基をもつヌクレオチドを、そこに正確に置くことができるか」を示す指標である「複製忠実度」、すなわち内因性の性質に起因する。

その一方で、外来性の要因によって複製エラーが誘発され、突然変異へと突き進むような現象も存在している。

ＤＮＡの損傷を「乗り越える」ポリメラーゼ

小麦色に焼かれた肌というのはいかにも健康的に見えるが、その陰で「健康的」な見た目を守ってくれている「縁の下の力持ちたち」の活躍に、目が向けられることはあまりない。

ここでいう「縁の下の力持ちたち」とは、紫外線による「ＤＮＡの損傷」が、突然変異という帰結にいたらないよう、コツコツ努力をしてくれている「損傷修復酵素」や「損傷乗り越えＤＮＡポリメラーゼ」などとよばれるタンパク質たちのことである。ここでの主役は、後者だ。

損傷乗り越えＤＮＡポリメラーゼは、その名のとおりＤＮＡに生じた損傷を「乗り越える」。といっても、そこにある障壁をヨイショとばかりに乗り越えて〈知らん顔〉をするような酵素ではなく、はたまた障害物競走の選手みたいにハードルを乗り越えようとして蹴り倒し、そのまま

次世代に影響が残らないよう損傷を乗り越える

走り続けるような酵素でもない。

「なんやこのヘンな傷は。まあええわ、乗り越えたれ」とばかりに乗り越えるだけなら、なんの意味もない。そこになんらかの意味があるから、わざわざ「損傷乗り越えDNAポリメラーゼ」とよばれるポリメラーゼが存在するのである。

その意味とは、損傷を放置して単に乗り越えることはせず、その損傷が「次の世代のDNAに悪影響を及ぼさないような工夫をして」から乗り越えるというものである。

紫外線によるDNA損傷

突然変異が「複製エラーが修復されずに残った場合に、固定されて生じるもの」だというのと同じで、DNAに生じたさまざまな損傷も、修復されずに残ってしまえば突然変異を誘発する可能性が高くなる。それをかろうじて抑えているのが、損傷乗り越えDNAポリメラーゼたちなのである。

彼らが活躍する最も有名な例が、紫外線によるDNA損傷を乗り越える場合だろう。細胞の中のDNAは、紫外線に当たると塩基が欠落してしまったり、DNA自身が分断されてしまったりする損傷が、あちらこちらに生じると考えられている。この損傷が修復されずに放置されると、正確にDNAを複製し、次の細胞に引き継ぐことができなくなる。

同様の現象はウイルスについてもあてはまる。ウイルスのDNAやRNAも紫外線によって損傷を受けるので、ウイルスは通常、太陽光が降り注ぐところに長くとどまることができない。

そもそも生物が陸上に進出できたのは、光合成バクテリアがつくり出した酸素が上空でオゾン層を形成し、紫外線をある程度、遮《さえぎ》ってくれたからである。僕たちヒトのような〈裸のサル〉は、皮膚に「メラニン色素」という色素をつくる戦略を編み出して皮膚の色を黒くし、それで紫外線を吸収してDNAの損傷を防いでいる。ことほど左様に生物はみな紫外線が苦手で、それをなんとか防ぐ方向へと進化してきたといえる。

一方で、ありきたりな言い方ではあるが、太陽は生物にとって「命」を与えてくれる大切な存在だ。太陽光、そしていくらオゾン層が守ってくれているとはいえ、僕たち生物がある程度の紫外線にさらされるのは仕方がないことである。ビタミンDのように、皮膚に紫外線が当たらないと合成されない重要な物質もあるから、紫外線に適度に当たることはきわめて重要なのだ。

しかし、たとえその程度の紫外線であっても、生物のDNAにはやっぱり傷がつく。それを放置していては突然変異があちらこちらで生じ、その結果、細胞は傷つき、死にいたるし、場合によってはがん化する。そのような事態を避けるために、生物は「損傷乗り越えDNAポリメラーゼ」を必要とするように進化してきたのである。

「いい加減」なウイルス!?

脇道にそれる話で恐縮だが、僕が専門とする巨大ウイルスの一つに「メドゥーサウイルス」というウイルスがいる（141ページ図5-6参照）。正式な学名を「メドゥーサウイルス・メドゥーサエ」というメドゥーサウイルスは、僕と共同研究者が北海道の温泉水から発見した巨大ウイルスで、宿主アメーバの細胞核の中で複製する。

巨大ウイルスは通常、カプシドの中にちゃんと自分のDNAを入れて（「パッケージング」という）細胞の外へ飛び出すが、メドゥーサウイルスは、DNAを入れた成熟した粒子だけではなく、DNAを入れていない「空《から》」の状態のままでも、遠慮なく細胞の外へ放出されることが知られている。DNAは細胞核で合成され、カプシドは細胞質で合成されるから、なんらかの理由で、カプシドの中にDNAを収納しないまま飛び出してしまうのだろう。

そうなると、「DNAがないと増殖できないから意味ないいんちゃうけ」とふつうはそう思うから、事情はともかく「メドゥーサウイルスは、もしかして〝いい加減なヤツ〟なんちゃうけ」と思ってしまうのである。

とはいっても、いったいなにをもって「いい加減」というのかは、場合によって異なる。そのいい加減さが、メドゥーサウイルスのようにとりあえずなんの支障ももたらさないように見えるものもあれば、命取りになるようなものもある。

「いい加減」なDNAポリメラーゼ

正確さが重要となるDNAポリメラーゼの場合、「いい加減さ」の一つの基準となるのが、何回に一回、複製エラーを起こすのかということだ。通常のDNAポリメラーゼ（真核生物ではα、δ、εとよばれる三種類のポリメラーゼ）の場合、複製エラーの頻度、すなわち「複製忠実度」は、前述のとおりおよそ一〇万回に一回ほど、細胞内で実際にはたらく場合は一〇億回に一回といった程度である。「めっちゃ優秀やん」とふつうはそう思う。

だが、ここで〝逆〟を考えてみる。

あまりにも知識が豊富すぎると、その知識が邪魔をして革新的な成果を達成できない場合がある。たとえば、ある非常識な実験データが出たとしても、（単に知識だけはあるという意味で）頭のいい研究者は、それを単なる「ネガティブ・データ」として処理してしまう。

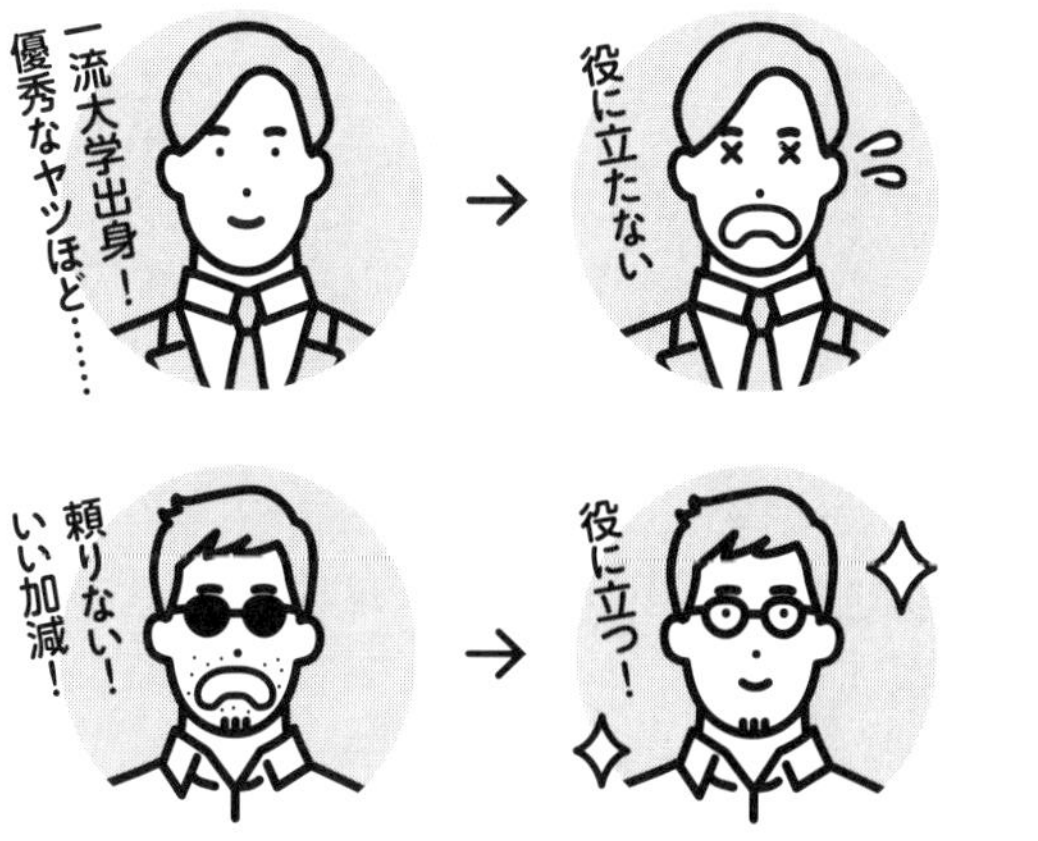

図4-5 ふだんは頼りなく見えても、いざというとき役に立つ

一方、（単に常識的な知識がないという意味で）頭の悪い研究者は、それを「チャンピオン・データ」だと思い込み、研究を続ける。その結果、頭のいい研究者には予想すらできなかった新たな学問分野が開拓される――。ここでいう〝逆〟とは、そんなイメージである。

DNAポリメラーゼも同じだ。

複製エラーをあまり起こさない、すなわち、複製忠実度が高いDNAポリメラーゼというのは、「超」がつくくらい優秀だが、一方で融通が利かないのである（図4-5上）。

彼らはつねに鋳型の塩基配列に忠実で、必ず正確な塩基対をつくろうとする。だから、たとえば紫外線によって傷ついてしまった塩基に遭遇したとき、右往左往して（実際にはしないけれど）、どうしていいかわからなくなってしまい、それ以上の反応が進まなくなってしまうのだ。

ここで登場するのが、「いい加減な」ＤＮＡポリメラーゼ、「損傷乗り越えＤＮＡポリメラーゼ」である。

損傷乗り越えＤＮＡポリメラーゼは、前述のＤＮＡポリメラーゼα、δ、εよりは複製エラーを起こしやすい、すなわち、複製忠実度が格段に低いことが知られている。彼らは、ひどい場合には数百回に一回から数十回に一回程度も、ペアとなる塩基を間違えるらしい。

僕たち人間からすれば、この数値でさえ「えっ、そんなに優秀なの？」と思えてしまうかもしれないが、ＤＮＡポリメラーゼの仲間内では「こいつら、めちゃくちゃいい加減やん」と思われてしまうほどの複製忠実度でしかない。しかし、そういういい加減なＤＮＡポリメラーゼだからこそ、ものの役に立つのである（図４-５下）。

「いい加減だからこそ」役に立つ

数百回に一回、数十回に一回も間違えることについて、57ページで紹介した「右手モデル」で考えるとどういうことになるだろうか。

僕たち真核生物のＤＮＡポリメラーゼは、少なくとも一五種類ほどあり、その構造と機能に応じていくつかの型に分類される。通常の複製用ＤＮＡポリメラーゼ（α、δ、ε）は「Ｂ型」と

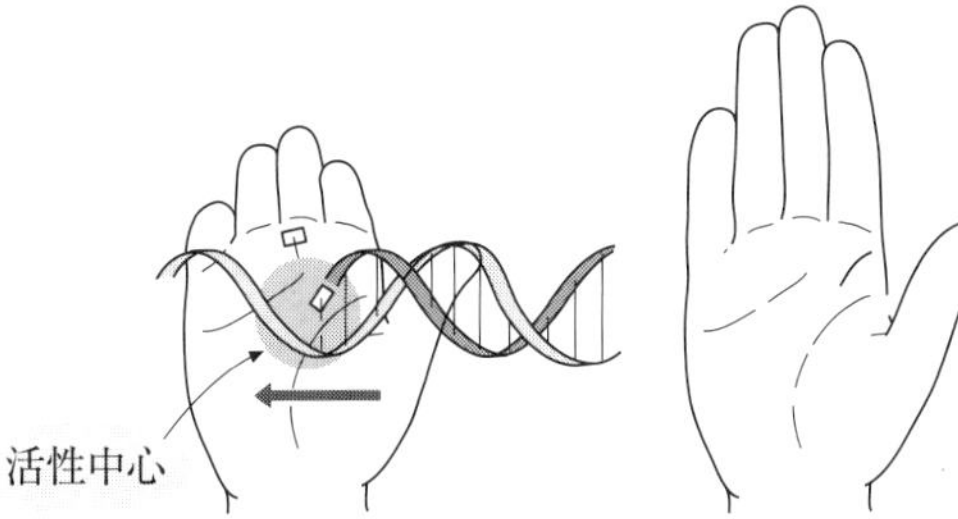

図4-6 Y型DNAポリメラーゼ(左)の短い指

よばれており、複製忠実度がきわめて高い〈優秀な〉DNAポリメラーゼの仲間である。

他方、ここでの主役である損傷乗り越えDNAポリメラーゼは、「Y型」とよばれる型に入る。Y型は、複製忠実度がきわめて低い〈いい加減な〉DNAポリメラーゼの仲間で、右手モデルにおける〈四本の指〉、すなわち「fingers領域」がB型に比べて極端に低い(短い)ことが知られている(図4-6)。

この〈四本の指〉が短いと、ヌクレオチドが入り込んできても「パタン」と閉めることができない。つまり、〈四本の指〉(fingers領域)と〈親指〉(thumb領域)、〈手のひら〉(palm領域)、さらに、鋳型DNAとヌクレオチドが織り成す絶妙な立体構造を〈しっくりと感じとる〉ことができないのである。

そうなると、間違った塩基をもつヌクレオチドが入り込んできてもうまく排除できず、そのまま塩基対形成を許してしまう事態が生じることになる。

DNAを複製するというとても大切なときに、いつもこのDN

Aポリメラーゼがはたらいていたのでは大問題だが、〈いい加減な〉彼らがはたらくのは、損傷乗り越えのシーンのみである。繰り返しになるが、彼らの強みは「複製忠実度が低い」ことだ。たとえば、紫外線によって生じる「チミンダイマー」（隣り合ったTどうしが共有結合でくっついてしまったもの）のような損傷がある場合、B型の〈優秀な〉DNAポリメラーゼは「右往左往して、どうしていいかわからなくなって」しまい、反応を止めてしまう。鋳型の形がおかしくなっているため、どうやっても「しっくりこない」からである。

ところが、Y型の〈いい加減な〉DNAポリメラーゼは、複製忠実度が低いことを逆手にとるかのように、ペアの相手としてAを二個、みごとにくっつけることができるのである。

この〈いい加減な〉DNAポリメラーゼは、損傷を修復するわけではない。損傷を「乗り越える」だけなのである。あくまでも乗り越えることが目的で（「できれば正しく乗り越えたい」と彼らも思っているはずだ）、それよりなにより、細胞にとっていちばん困るのはDNA複製が途中で止まってしまうことだから、それをみごとに防いでいるといえる。

いい加減だからこそ役に立つ――。DNAを取り巻く世界では、そんなシーンがあってもよいのである。

DNAや遺伝子という言葉には、先祖から引き継いだもので、もはや変えようのない「固定化された、生まれつきのもの」というイメージが根強くつきまとっている。「生物学とはまったく無関係な文脈でDNAや遺伝子の話を持ち出されたら、反論することもできない」と、多くの人たちは思っているのではないだろうか。

しかし、「木を見て森を見ない」という喩え、あるいは「森を見て木を見ない」という喩えもあるように、「全体」と「個」との微妙な関係を抜きにしてDNAを語ることはできない。DNAの塩基配列は、必ずしも「固定化された、生まれつきのもの」ではなく、生物の世界全体を見渡せば、つねに変化しているといえる。

たった一つの塩基の置換で起こること

世の中には酒に強い人と弱い人がいて、日本人はどちらかというと酒に弱いほうだ、とはよく耳にする話である。

「酒に弱い」ということを科学的にいうと、「アルコールを分解し、酢酸に変える能力が低い」ということだ。その能力を遂行するのは、肝細胞などに存在するアルコール脱水素酵素と、アセトアルデヒド脱水素酵素である。前者がアルコール(エタノール)をアセトアルデヒドに分解し、後者がアセトアルデヒドを酢酸に分解する。アセトアルデヒド脱水素酵素には多くの種類があり、そのうち「ALDH2」という酵素が、肝臓でのアルコール代謝に最も重要である。

この酵素の遺伝子も他の遺伝子と同様、両親から引き継ぐものなので、僕たちの細胞には当

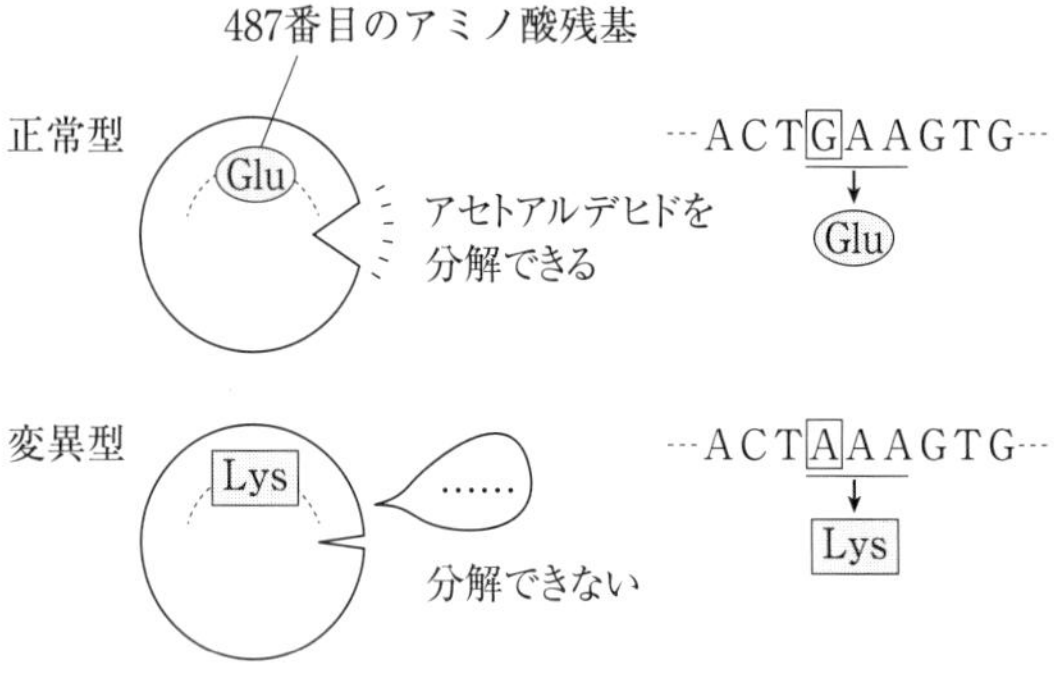

487番目のアミノ酸「グルタミン酸」のコドン（GAA）が、
「リシン」のコドン（AAA）に変化すると、活性を失う

図4-7 ALDH2遺伝子のSNP

然、二つあるはずだが、日本人の半数弱は、この酵素のうち一つが「変異型」になっていて、酵素としての活性がない。だから、酒にあまり強くないのである。これに対して西洋人やアフリカ人などは、ほぼ全員が二つの酵素ともに「正常型」であるため、酒に強い人間ばかりである。

この、ALDH2遺伝子の正常型と変異型の差は、たった一つの塩基の違いによる。正確にいうと、この遺伝子のある場所の塩基GがAに置換したことにより、該当するアミノ酸がグルタミン酸からリシンに変化しているのである（図4－7）。

この、たった一つの塩基の変化が、かつて世界の誰かのDNAに最初に起こったときは、たしかに「突然変異」だっただろう。だが、今は違う。

現在ではすでに、かつて「突然変異」だったこの塩基の置換が、日本人という集団全体に広まっている。こうなると、単に「変異」として片づけられるものではなくなり、むしろ遺伝的な多様性を意味する「多型」と表現すべきものになってしまっているのである。

このような、ある一つの塩基が別の塩基になっている割合が集団の一パーセント以上ある場合、「変異」とは見なさず、「多型」と見なすことになっている。ALDH2のような例は、一つの塩基が人によってはAだったりGだったりするという意味で、一個の塩基の多型、すなわち「一塩基多型（SNP《スニップ》：single nucleotide polymorphism）」とよばれる。

「個人差」を生む要因

スニップは、かつてある個体の生殖細胞で突然変異が起こり、ある塩基が別の塩基に置換したものが徐々に集団内に広まって、ある一定以上の個体がその変異をもつにいたったものである。最初は突然変異に起因するわけだから、スニップはALDH2遺伝子以外の場所でも起こりうるということになる。

ヒトゲノムには、ほかにもたくさんのスニップが存在することが知られており、ヒトゲノムの個体間におけるいわゆる「個人差」（ゲノム全体の〇・一パーセントを占める）のうち、ほぼ半数がスニップだといわれている。

たとえば、耳垢が湿っているか乾いているかにも、ある遺伝子に存在するスニップが関わっているし、心筋梗塞などのいわゆる「生活習慣病」の原因遺伝子にも、多くのスニップが関わっていることがわかってきている。

ヒトゲノムは、「ホモ・サピエンス」という種における全遺伝情報である。したがって、全体としては「ホモ・サピエンスのゲノム」であることが保たれているが、DNAの塩基配列という細かい部分を見ていくと、ところどころで変化を起こしていて、それが「個人差」というものを生んでいる。そしてその「個人差」とは、何十万年と続くホモ・サピエンスの歴史のなかで、突然変異がゆっくりと、着実に、そして多くの場合ランダムに起こってきたその結果である、ということができる。

一方において、ゲノムに生じる変化はスニップだけに限らない。先述のとおり、スニップというのはヒトゲノムにおける個人差のうち「半分」だけだ。では、「残りの半分」はどうなっているのか。

その残りの半分の部分には、とらえ方によっては、「これこそDNAの本質なんちゃうか」と思えてしまうほど、興味深い変化が生じている。その変化とは、塩基配列の「繰り返しの多型」とよばれるものである。

生物と「繰り返し」の切っても切れない関係

「同じことを何回も繰り返す」という事象には、どこか僕たち人間の関心を惹きつける要素が含まれているらしい。

そうした繰り返しは、たとえばチャールズ・チャップリン(一八八九〜一九七七年)の映画『モダン・タイムス』で表現されたベルトコンベア労働者のようにコメディーや皮肉の対象になってきたし、少しずつ楽器が加わりながら同じモチーフが何度も繰り返されるモーリス・ラヴェル(一八七五〜一九三七年)作曲のバレエ音楽『ボレロ』のように、芸術の対象にもなってきた。

そして、「繰り返し」という現象は、僕たち生物にとっても非常に重要なものとなっている。「生殖の繰り返し」によって生物は何十億年も生命をつなぎ、「細胞分裂の繰り返し」が僕たちのこの体をつくっているわけだから、それは当然である。

ウイルスもまた、細胞に感染して爆発的に増えるということを連綿と繰り返してきたからこそ、多様なウイルスの世界を構築することができたといえる。

DNAの世界にもまた、「繰り返し」が存在する。複製のことではない。それは、タンパク質の情報をコードしている「遺伝子」ではなく、むしろ「遺伝子以外の部分」に多く起こる「繰り返し」である。

「DNAの繰り返し」とは、数個程度の塩基配列が、何回も繰り返して存在していたり、数十塩基もの長さの塩基配列が、これも何回も繰り返して存在していたりするものを指している。こうした繰り返し配列のことを「縦列反復配列」といい、前者を「STR（short tandem repeat）」、後者を「VNTR（variable number of tandem repeat）」とよぶ。

「繰り返しの数」の多型

VNTRは「VNTR多型」とよばれ、個人によってその部分の繰り返しの数（「塩基の数」ではなく、「繰り返しの数」）がバラバラで、きわめて多様性に富むという性質がある。そこで、いわゆる「DNA指紋」として、DNA鑑定に用いられることがある（図4－8上）。

DNA指紋は、遺伝子以外の部分に存在する繰り返し配列だが、遺伝子のなかにもこうした「繰り返し配列」が存在する場合がある。たとえばそれは、アミノ酸を指定するコドンのうち、ある特定のものが何回も繰り返し出てくることによって、つくられるアミノ酸配列の該当部分に、同じアミノ酸が鎖のようにずらっと並ぶようなものだ。

そのようなコドン（アミノ酸）の繰り返しのなかで最も有名なものの一つは、「ハンチントン病」という神経変性疾患の原因遺伝子である「ハンチンチン遺伝子」に見られる繰り返しだろう。

ハンチンチン遺伝子の一部には、アミノ酸の一つである「グルタミン」をコードする「CA

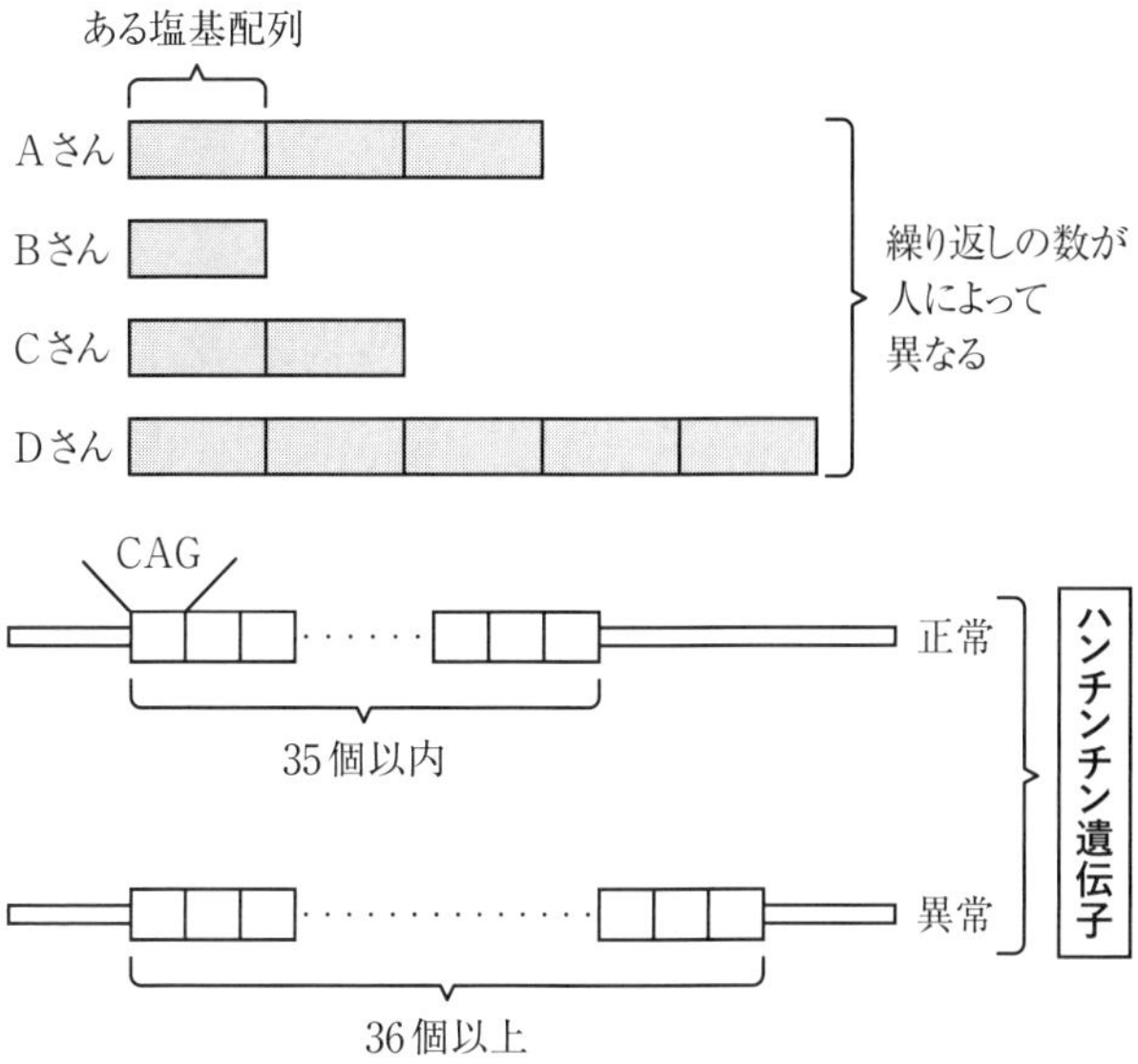

図4-8 DNA指紋（VNTR多型）とハンチンチン遺伝子　繰り返しの数が人によって異なる部分はヒトゲノム上に複数あるため「DNA指紋」として利用できるが、ハンチンチン遺伝子のように、繰り返しの数の異常により病気をもたらすこともある

G」というコドンが、六〜三五個も繰り返して存在している。この繰り返し部分を「CAGリピート」とよぶ。CAGリピートの数によって、つくられるハンチンチンタンパク質には六〜三五個のグルタミンの鎖（ポリグルタミン）のバリエーションができる。

ところが、このCAGリピートの数がなんらかの理由でさらに伸びてしまい、三六個以上になってしまうと、作用機序は不明だが神経細胞に異常が生じ、ハンチントン病を発症するのである（図4-

8下)。

では、こうした繰り返しの数はなぜ、どのようなメカニズムで伸びてしまうのだろう。

複製スリップ

本章では、DNAポリメラーゼには〈いい加減〉なところがあるという話をしてきたが、ここでもう一つ、重要な〈いい加減さ〉が登場する。

DNAポリメラーゼは、まるで「ジャックと豆の木」のジャックがつねに豆の木の幹にしがみついていなければならないといったように、「つねに鋳型となるDNAに張りついて複製をおこなっている」わけではない、という考えがある。DNAポリメラーゼは、常時がっちりと鋳型にしがみついているのではなく、じつはかなりゆらいでいて、スーパーマリオがときどきぴょんぴょんと飛び上がるがごとく、鋳型からときに離れたり、ふたたび取りついたりといったことを、目にも止まらぬ速さで繰り返しながらDNAの複製をおこなっているのではないかというものである。

その結果、鋳型が短い塩基配列の繰り返しでできているような場合、すなわちCAGリピートの場合、鋳型からヒョッと離れて、ふたたびフイッと取りつく際に、誤って一つ手前のCAGにDNAポリメラーゼがくっついてしまうことによって、三塩基分が多く合成されてしまう――。

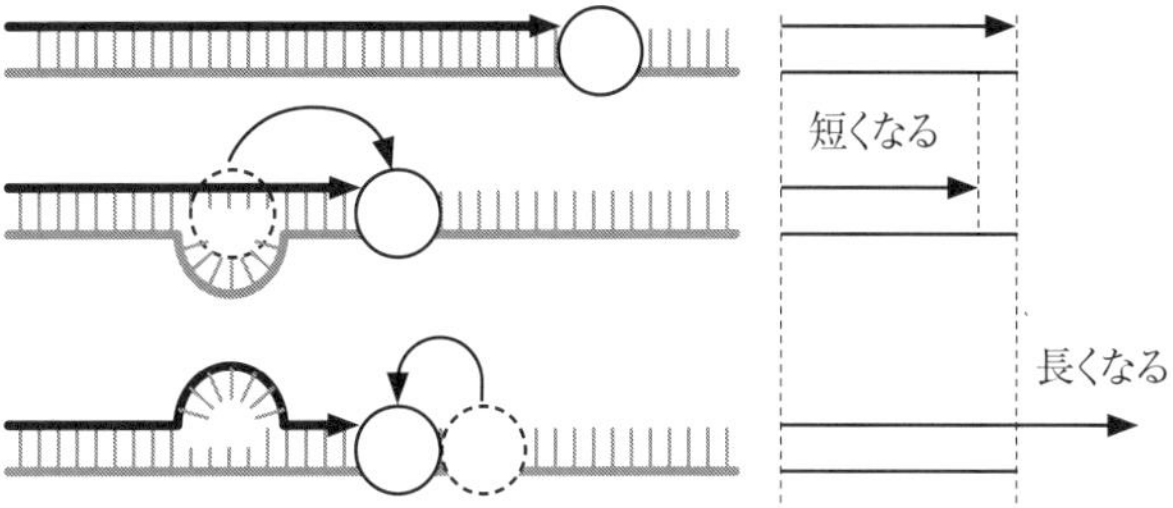

図4-9 複製スリップ　DNAポリメラーゼによる複製スリップは、DNAを短くも長くもする

このような現象を「複製スリップ」という。

要するに、まるでDNAポリメラーゼが雪道で足を滑らせる歩行者のように、「おおっと!」とばかりに滑っているかのように見えるというわけである（図4-9）。

DNAの底知れない深さ

先ほども述べたように、三六個以上のCAGリピートをもつ異常なもののみならず、正常なハンチンチン遺伝子のCAGリピートにも六〜三五個という個人差が存在する。

このことは、特に生殖細胞系列でのDNA複製において、そのような複製スリップがつねに起こっていることに起因していると考えられる。それがある一線を越えて、CAGリピートの数が正常な範囲を上回って増えると、ポリグルタミン鎖が長くなってしまうことで異常が生じる。

このような複製スリップは、DNAポリメラーゼの〈いい加減〉なしくみに鑑《かんが》みて、ほかの繰り返し配列でも十分に起こりうるともいえる。さらに、滑って「伸びる」だけでなく、逆に滑って「縮む」こともありうる(図4-9)。

ヒトゲノムに存在するこうした短い塩基配列の繰り返しは、複製スリップと、それにともなう伸長や短縮というリスクに、つねにさらされているということになる。それが連綿と続く生殖の歴史のなかで、繰り返しの数の多様性をもたらし、個人差や病気発症の有無へとつながっている。そして時には、DNA鑑定に代表される犯罪捜査にも活かされている。

DNAの変化は当然、僕たちヒトの専売特許ではない。こうした変化は、すべての生物、そしてウイルスにおいても起こってきたであろう変化であり、今も存在する生物多様性の要因ともなっているはずだ。

複製エラーや複製スリップという、本来は正確に複製されるべきポイントでまれに起こるDNAポリメラーゼの異常な行動は、その時々を見れば、まさに文字どおりの「異常」であるかのように見える。しかし、長期的な視点でとらえ直すと、「ほぼ正確」に遺伝情報を複製しつつも、時折エラーを起こすという現象が存在しているがゆえに、長い時間をかけて生物が進化することができたともいえる。

それを、僕たち人間はDNA鑑定のように自分たちの社会秩序を維持するために用いているわけだから、DNAとは底知れない深さをもつ物質である。

ＤＮＡは、「塩基配列を正確に複製できる」というメリットと、「その過程でエラーを起こす」可能性をＤＮＡポリメラーゼやＤＮＡの構造上、どうしても持ち合わせてしまうというデメリット（あるいはリスク）を、どちらも共存させることに成功してきた。

そして、変わりやすい地球環境に適合した生物の形をも、長い時間をかけて決めることに成功してきたのである。

第5章

「DNAの塩基配列」が変化する意味

前章でも見てきたように、DNAという物質の最も面白いところ、かつ最も不思議なところが「塩基配列の変化」だろう。複製エラーが起こること、そして突然変異が生じること、これらをつねに「よし」として、僕たち生物は進化してきたといっても過言ではないからだ。

DNAを語るとき、最も重要かつ根源的な問いかけは、「DNAの塩基配列が変化するのはなぜなのか?」かもしれない。

本章において、この「なぜなのか?」の意味するところは、その起源を問うているのではなく、またそのメカニズムを問うているのでもない。ただその「意味」を問うているのである。「DNAの塩基配列が変化する意味」を、ここでじっくり考えてみることにしたい。

進化に「目的」はない

突然変異、そして多様性とくれば、「進化」である。この進化に対して、僕たちは〝ある誤解〟をしがちである。たとえば、鳥は空を飛ぶ〈ため〉に翼を進化させたとか、魚は泳ぐ〈ため〉にヒレを発達させたとか、最近でいえば、新型コロナウイルスはヒトを病気にする〈ため〉に誕生し、進化したとか、「生物は〜の〈ため〉に」進化したという言説を聞くことがある。しかし、これらはすべて間違いである。

その理由は簡単で、生物やウイルスの進化に「目的」というものは存在しないからである。別の言い方をすると、目的というのは人間の価値観にすぎず、生物の進化の過程にはあてはまらないからである。

いったいどの鳥が、どこかの超能力者やSF信奉者、そして多くの子どもたちが希望を想い描くように、「空を飛びたい！　飛びたい！」と念じて翼をつくり出したというのか。いったいどのウイルスが、どこぞの侵略者がバラまいた兵器であるかのように、人間をターゲットにしてスプレーのようにシュッシュと噴霧されたというのか。

こうした進化の目的論的説明は、あくまでも進化のようす（「しくみ」ではない！）をわかりやすく表現するための方便として使われることはあるけれども（本書でも意図的にそのような書き方をした箇所がある）、学術的には間違いである。生物やウイルスは、今の僕たち人間から見て、あたかも目的をもって進化してきたかのように、結果的に見えるだけなのだ。

ＤＮＡの塩基配列に生じたランダムな突然変異を経験してきた生物が、その時点でその場所の環境に適応できたがゆえに生き残ってきた、だから僕たちの目には、その生物があたかも目的をもって進化してきたかのように見えるのである。

何度もいうが、生物の進化に「目的」は存在しないのである。

すべての生物の「共通祖先」

僕たち人間を含むすべての生物は、「ルカ（last universal common ancestor：ＬＵＣＡ）」とよばれる、ある共通祖先から進化したと考えられている。ルカが存在するということは、現在の生物がもっているすべてのＤＮＡにもまた、共通祖先がいるということである。その共通祖先のＤＮＡからスタートして、徐々にさまざまな突然変異が起こり、それぞれの生物の系統で異なる突然変異が蓄積し、やがてその母体である生物も、ＤＮＡの突然変異のプロファイルを基軸としたその形質が、そのときどきの環境に適応した（有利だった）ものが生き残るという形で変化

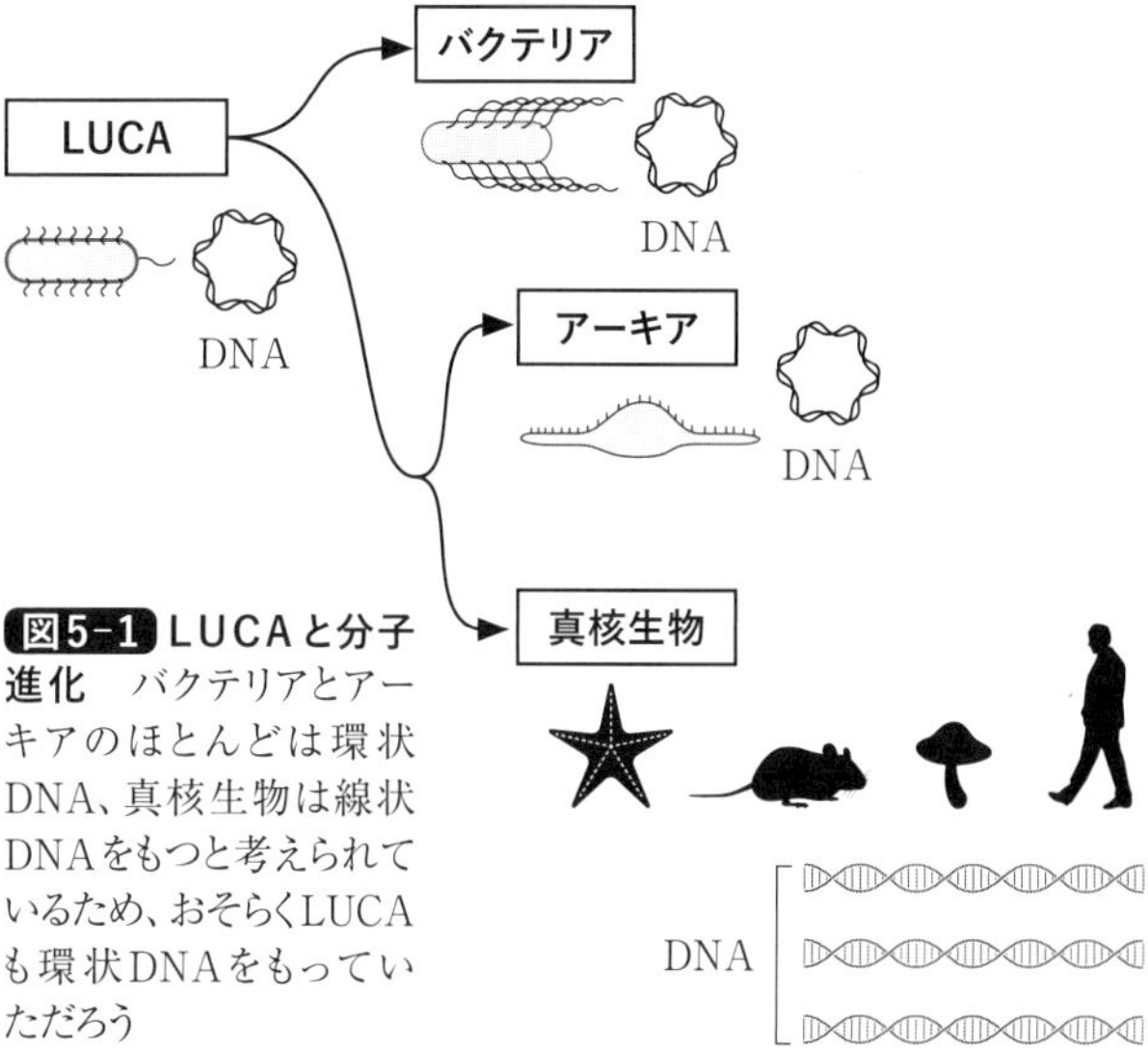

図5-1 LUCAと分子進化　バクテリアとアーキアのほとんどは環状DNA、真核生物は線状DNAをもつと考えられているため、おそらくLUCAも環状DNAをもっていただろう

し、さまざまに異なる種へと進化してきた。生物の進化の根底には、まずそのDNA、すなわち「分子の進化」があった。これが「分子進化」である（図5－1）。

遺伝子の本体としてのDNAがA、G、C、Tの四つの塩基のランダム（に見える）配列であり、それを複製するDNAポリメラーゼがときどきエラーを起こせば、DNA、すなわち遺伝子の塩基配列は変化する。分子進化は必然的に起こるもので、避けようがない。113ページで紹介したアセトアルデヒド脱水素酵素（ALDH2）のスニップも分子進化の一つであり、CAGリピートの伸長もまた然りである。

しかし、これらの例は、分子進化としてはわかりにくい例だろう。なぜなら、AL

DH2遺伝子やハンチンチン遺伝子などは、すべての生物が共通してもつ遺伝子ではないからである。これらの遺伝子をもたない生物も、もちろん存在する。つまり、生物全体の進化を紐解くための、理想的な分子進化の例ではないのである。

ならば、理想的な分子進化の例とはなんだろうか。

分子時計

この場合の〈理想的な〉とは、「分子進化を人間が理解するのにふさわしく、典型的なもの」という意味である。それは、生物の進化をそのまま「突然変異の痕跡」として残してきたようなDNAの変化で、わかりやすくいうと、生物が進化する時間とともに正確に、同じリズムを刻むように突然変異を起こしてきたDNAであるといえる。

それでいて、そのDNAはすべての生物が共通してもち、すべての生物でその役割が同じであるような、きわめて重要な「遺伝子」でなければならない。

このような、突然変異の痕跡が生物の進化をそのまま表しているような遺伝子を「分子時計」という（図5-2）。いってみれば、分子時計という〈称号〉は、すべての生物で共通のはたらきをもち、しかも、生存に必須な遺伝子に対して与えられる〈勲章〉のようなものかもしれない。

分子時計として最も有名なのは、原核生物でいえば「16SリボソームRNA」遺伝子であり、真核生物でいえばミトコンドリアがもっている「シトクロムb」遺伝子や、これまでも紹介してきた「DNAポリメラーゼ」遺伝子などである。

「系統」と「進化」というのは通常、異なる概念であるはずだが、これらの遺伝子の分子進化を表現した系統樹は、ほぼそのまま、生物の系統関係と進化の足跡を表している。だからこそ、これらの遺伝子は、進化の道筋がそのまま系統を表すように、チクタクと時を刻んできた「分子時計」であるといわれるのである。

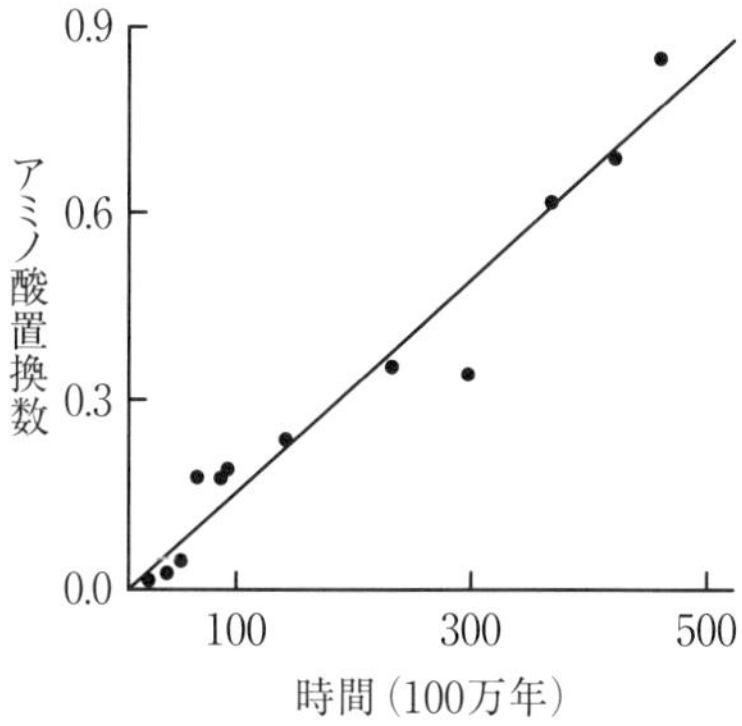

図5-2 分子時計（Barton NH, Briggs DEG, Eisen JA, Goldstein DB, Patel NH『進化』（宮田隆・星山大介監訳）メディカル・サイエンス・インターナショナルより改変して引用）

中立的な突然変異

分子時計になりうる要素を、もう少し掘り下げて見てみよう。

突然変異は、基本的にはランダムに起こるから、どのような遺伝子であっても、DNAの上には等しく突然変異が生じるはずである。同様に、遺伝子内部の塩基配列においても、等しく突然変異が生じるはずである。

そうした突然変異のなかには、その変異が生じたら遺伝子が機能しなくなってタンパク質などがつくられなくなったり、異常なタンパク質などがつくられるようになったりして、その結果、その生物が死にいたるようなものも含まれる。

個体に死をもたらすような突然変異は、後続の世代の生物には残らない。したがって、のちに〝痕跡〟として残るような突然変異というのは、それが起こっても遺伝子の機能に影響が及ばないような突然変異ということになる。そのような突然変異を「中立的な突然変異」という。

中立的な突然変異は後世に残るし、生物全体で見れば時間とともに徐々に蓄積していくように見えるから、のちになってすべての生物やウイルスを比較し、系統関係を明らかにする際に有用なものになっていく。それが、分子時計である。

中立的な突然変異のうち最も有名なのが、もともとアミノ酸をコードする塩基配列の一部の塩基が別の塩基に置換しても、つくられるアミノ酸に変化をもたらさないというものだ。39ページ図1-13に示した遺伝暗号表を見れば、どういう塩基置換がアミノ酸に変化をもたらさないかは一目瞭然である。つまり、同じアミノ酸を指定するコドンが複数ある（コドンの「縮重」という）例がいくつもあり、たいていは三つ並んだ塩基のうち三番めの塩基が、A、U、C、Gのどれでもよいというパターンである。たとえば「UCC」のセリンの場合、そのコドンは「UC

A」であっても「UCG」であってもよいのである。

中立進化説

前項で見たような中立的な突然変異は、じつは生物の進化に重要な役割を果たす。

アミノ酸の変化をもたらさないのであれば、その変化は生存にとって有利にも不利にもならないが、その突然変異が偶然、ある生物集団には広まるが、別の生物集団では広まらない、などということが起こることがある。そうした変化が積もり積もって種内進化が起こったり、一塩基多型（スニップ）ができたりすると、それも進化を促すことになる。

この学説を「中立進化説」といい、わが国が誇る遺伝学者・木村資生博士（一九二四～一九九四年、図5－3）によって提唱されたものである。

この学説は、現在ではチャールズ・ダーウィン（一八〇九～一八八二年）の「自然

図5－3
木村資生（講談社写真資料室）

選択説」と並び、生物進化の基本学説となっている。

突然変異はほんとうに「ランダムに起きる」のか？

ところで、ここまでさんざん、「突然変異はランダムに起きる」と述べてきたが、「じつはそうではないかもしれない」という話がある。

第1章で、「染色体（DNA）はきちんとした法則に従って、決まった空間配置をとって規則正しく細胞核の中に収まっている、ということがわかってきた」と述べたのを思い出していただきたい。突然変異がどのような原因で起こるにせよ、僕たち真核生物の場合、「細胞核の中に存在し、決まった空間配置をとって存在している」という前提だけで、じつは長大なDNAのすべての領域が〈平等〉ではないことに気づかれるだろう。

たとえば、あるDNAのAという部分は細胞核の真ん中の奥深いところにあるが、別のBという部分は核膜に近い表面あたりにあるといった〈場所的な〉違いもあるし、Cという部分はヘアピンのようにギュッと折れ曲がっているが、Dという部分はまっすぐであるといった〈形態的な〉違いもある。

第1章でも述べたように、DNAはつねにヒストンと結びついてヌクレオソームをつくっているが、ヌクレオソーム内にあるDNAと、ヌクレオソームとヌクレオソームのあいだにあるリン

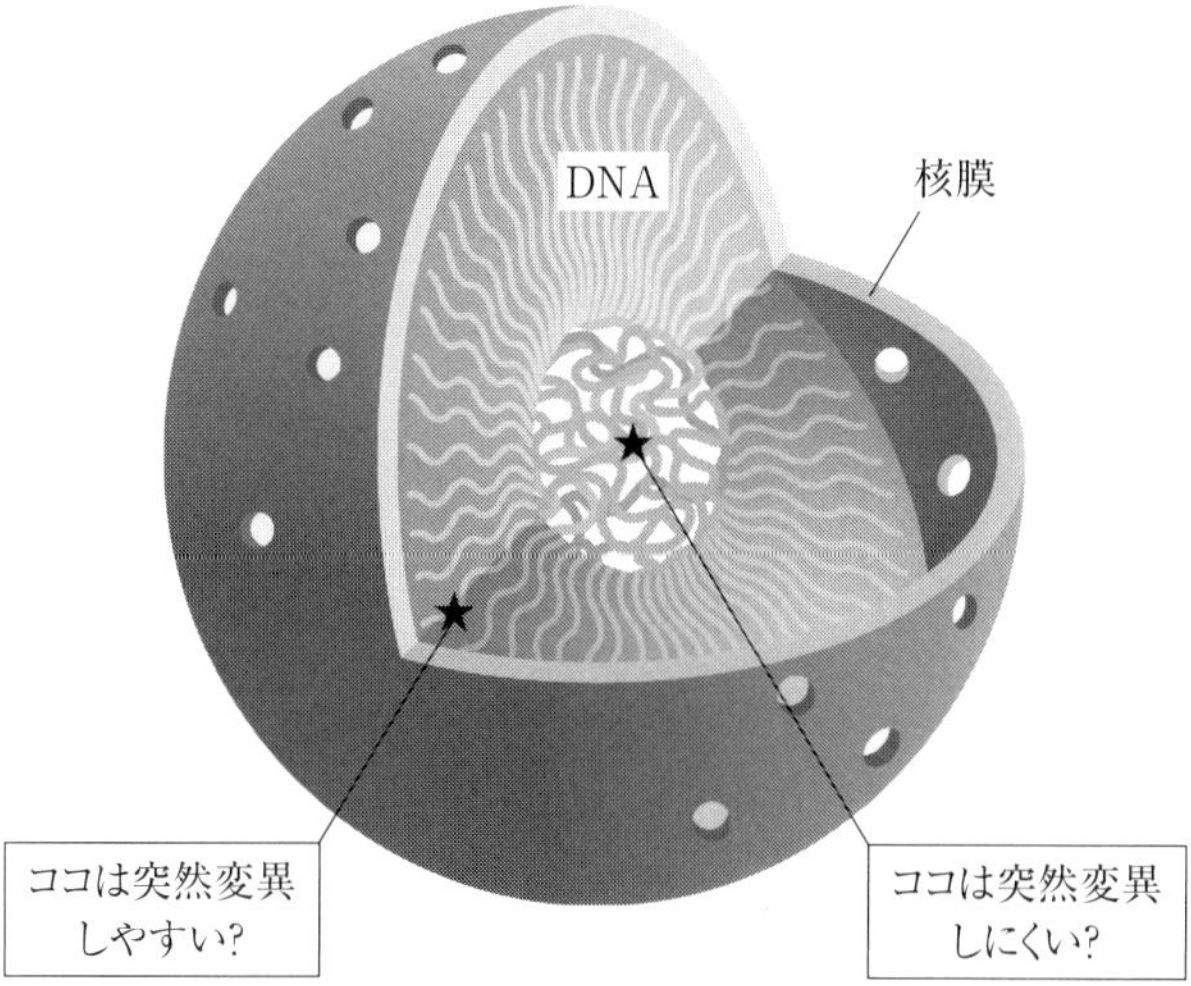

図5-4 突然変異はほんとうにランダムに生じるのか?

カー、すなわち連結部分のDNAとでは、その環境もまた大きく異なる。

DNAには空間配置上の違いがあるにもかかわらず、紫外線や放射線などは全体にほぼ均等に降り注ぐわけだし、発がん物質などもおそらく均等に降り注ぐはずだから、そこになんらかの〈不均等な〉ファクターがはたらいて、突然変異のもとになるDNAの損傷などが、じつは「ほんとうはランダムではなく、ある特定の空間配置にあるDNAに集中して生じる」といった可能性は、決して否定できないのである(図5-4)。

要するに、細胞核の中のDNAがランダムに、ダイナミックに動き回っているのだとすれば、突然変異の機会も均等だろうけれども、DNAがある特定の空間配置をとってじっとしているのだとすれば、その機会は不均等になるはずだ、ということである。

「DNAポリメラーゼの使い分け」はどう影響するか

細胞核内のDNAの存在状態に関する研究はまだまだこれからだから、ほんとうに突然変異が不均等に起こる——つまり、突然変異が起きやすい場所とそうでない場所があるかどうかはまだわからない。ただ、もう一つ面白い話がある。

第4章でも述べたように、僕たち真核生物にはDNAを複製する際に複数のDNAポリメラーゼがはたらくことが知られている。64ページで登場したトロンボーンモデルで表現されるように、ヘリカーゼで引き離された二本のDNAは、それぞれ別のDNAポリメラーゼによって複製される。ここで「別の」というのは、僕たち真核生物の場合は「同じ種類の別の」DNAポリメラーゼという意味ではない。「違う種類の」DNAポリメラーゼという意味である。

具体的には、リーディング鎖はDNAポリメラーゼε、ラギング鎖はDNAポリメラーゼδという酵素が複製をおこなう。そして、それぞれのDNAポリメラーゼの複製忠実度がいくらか異なると考えられているがゆえに、両鎖で複製エラーの頻度が異なるのではないか、という考え方があるのだ。

しかも、新しいDNA鎖が合成されはじめるスタート時には、DNAポリメラーゼαというまた別の酵素がそれを担い、さらにその複製忠実度も先の二者とは異なっている（なにしろαには消しゴム機能がない！）。要するに、DNAが複製される際は、DNAの場所によって、それを複製する酵素が異なるため、複製エラー頻度もまた異なり、その結果、突然変異が生じる機会も違ってくるのではないか、ということである。

ただゲノム全体を見れば、複製の単位は複製起点を中心に、ヒトゲノムの場合は数万個も存在すると考えられている。したがって、こうしたDNAポリメラーゼの〈使い分け〉があるとしても、全体としては平均化されると考えられる。そのため、複製エラーの発生確率はランダムといえばランダムなのかもしれない。しかし、個別の塩基配列の立場からすれば、「俺は複製エラーを起こしやすいポリメラーゼに複製されちまったけど、あいつはいいポリメラーゼに複製されていい気になってやがる！」と憤ってても仕方のない状況にあるともいえる。

真実はどうなのか。今後の研究に期待がかかる。

DNAがもし〝強い〟物質だったら

さて、ここに「DNA最大の問題」が横たわっている。

正確無比の複製のしくみを駆使するはずのDNAポリメラーゼが、ときどき起こす複製エラーや複製スリップに起因する、わずかな塩基配列の違いが引き起こされる意味とはなにか、という問題だ。――DNAは、いったいどうして少しずつ変化するようになったのか。そしてその変化には、いったいどのような意味があるのか。

ウイルスについて考えてみよう。天然痘ウイルスやヘルペスウイルスのようなDNAウイルスもまた、生物には比べるべくもなく短いけれども、DNAをゲノムとしてもっている。

ウイルスは、宿主である生物の細胞に感染しないと生きていけない（増殖できない）という宿命を負っているが、今ここにある宿主との相互作用がもし〈うまくいっている〉のなら、自らのDNAに突然変異を生じさせて、その相互作用を変えてしまう必要はない。保守的な考えというのがどのような場合でも一定の支持を得られるように、「現状のままでいたい」という欲求は、生物でもウイルスでもそうは変わらないはずだ。

したがって、DNAがもしほんとうに、どれだけ複製が繰り返しおこなわれ、どれだけ世代交代を繰り返そうとも、まったくその塩基配列が変化しない〝強い〟物質であったなら、ウイルスと生物との相互作用は、おそらく永久に変わることはなかった。

言い換えれば、「なにも変わらなかった」はずだ。

「変わらざるをえない」DNA

しかし現実には、生物にとってのウイルスは、時に〝邪魔者〟となる。ある生物Aとうまい関係を築いてきたウイルスAが、たまたま別の生物Bに感染してしまったとする。すると、生物BからすればウイルスAは邪魔者以外の何物でもないから、これを「生体防御」という生物特有のしくみを駆使して排除しようとする。そして、おそらくウイルスAは生物Bから排除される。

DNAがもし「まったく変化しない」のであれば、それで生物BとウイルスAの関係はおしまいである。ウイルスAは生物Bに入り込めるのに、そこで増殖することはできず、排除されて終了となる。ところが、往々にしてウイルスAは、やがてふたたび生物Bに感染し、そこで増殖することができるようになる。なぜなら、彼らは「変わる」からである（図5－5）。

126ページで見たように、すべての生物が共通祖先をもつのであれば、そして、その遺伝情報そのものである「DNAの塩基配列」がまったく変化しないのであれば、そもそも生物Aとか Bとか Cとか Dとか、そんな違いが生じることはなかった。

地球という惑星は、それそのものが生きているとさえいえる。マグマの活動は活発で、ところどころで火山の噴火が起こる。地震も起こる。一年を通じて、気象はさまざまに変化する。気温も変化する。湿度も変わる。宇宙からは隕石もときどき降ってくる。

そのような、環境の激変がいつでも起こりうる惑星に生を受けた生物は、「変わらざるをえない」状況に置かれている。DNAの塩基配列が「徐々に変化する」ようにできているその意味

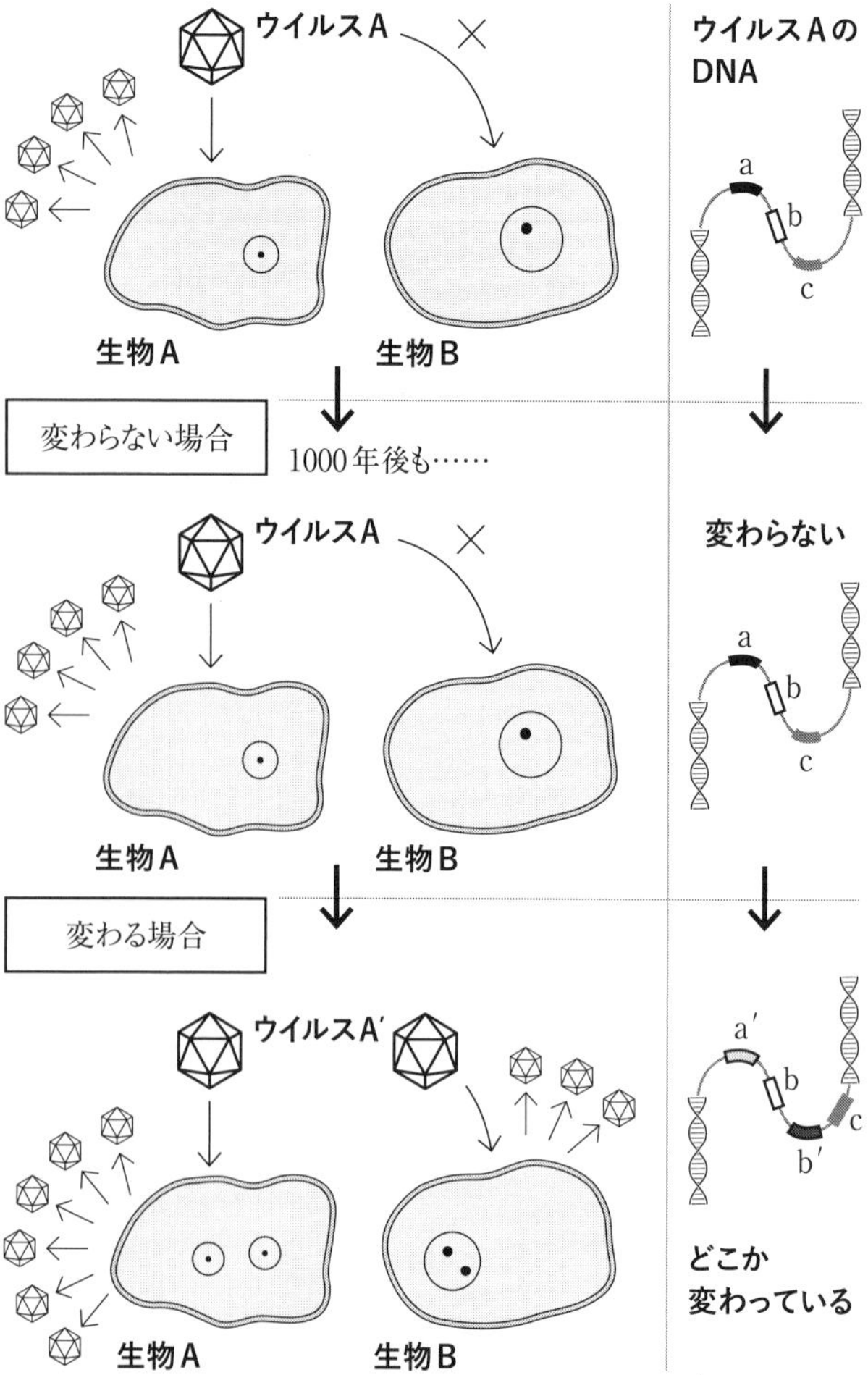

図5-5 DNAが変わらない場合と変わる場合のウイルスと生物の関係　a、b、cはそれぞれ、ある遺伝子を想定している。あくまでもモデルである

は、まさにそこにこそ存在する。

一方で、DNA(の塩基配列)が「変わらざるをえない」状況に置かれつつも、それはあくまでもその種が生存しつづけることができる範囲内であり、個体を死滅させてしまうほどの大きな変化まで許容されてはいないことは、大いに注目に値する。DNAの致死的な変化は、個体数と生殖機会を減少させることによる「種の衰退と絶滅」を意味するからである。

致死的でなく、生殖機会も減少させないようなDNAの変化――特に遺伝子の塩基配列の変化は、遺伝子を遺伝子のまま機能させるが、少しずつその機能を変化させる変化であったり、もとからあった複数の遺伝子を融合させて一つの遺伝子に変える変化であったり、あるいは、外部から新しい遺伝子を導入して、その遺伝子を有効活用させる方向へ舵を切る変化であったりする。だから先のウイルスも、生物Bに感染できるようになるわけだ。

これは遺伝子、すなわち「コード領域」の話であるが、ヒトゲノムのほとんどを占める「非コード領域」についても同様に突然変異は生じる。いやむしろ、非コード領域の変化は致死的な変化につながりにくいぶん、コード領域よりも突然変異を起こしやすく、より進化速度は速いかもしれない。そうなると、「非コード領域の役割の進化」もまた、塩基配列の変化の帰結と見なすことができる。

「融合する」遺伝子

先にも紹介したが、二〇一九年に僕と共同研究者が日本のある温泉の水から分離した「メドゥーサウイルス・メドゥーサエ」という学名をもつウイルスがいる（図5－6）。

このウイルスは面白いことに、僕たち真核生物と同じヒストン遺伝子をもっている。ヒストンとは、第1章でも紹介した、DNAが巻きついてクロマチンを形成するタンパク質のことだ。

真核生物のヒストンには、H1、H2A、H2B、H3、H4という五種類があるのだが（実際には、それらに加えて形や機能が少しずつ異なる「バリアント」が複数ある）、メドゥーサウイルス・メドゥーサエにも同じだけのヒストンが備わっているのである（バリアントはない）。真核生物以外でこのレパートリーをもつのは、今のところこのウイルスだけだ。

メドゥーサウイルス・メドゥーサエを分離してしばらく経ってから、京都大学の共同研究者が京都のある川から、のちに「メドゥーサウイルス・ステヌス」という学名がつくことになる姉妹株を分離した（以降は両者を、「メドゥーサエ」「ステヌス」と記すことにする）。

このステヌスもまた、当初はメドゥーサエと同じように、H1、H2A、H2B、H3、H4の五種類のヒストン遺伝子をもっているかに見えた。ところが、ステヌスの場合はH3遺伝子とH4遺伝子が融合して一つの遺伝子になっており、ヒストン遺伝子の数としては四種類であるこ

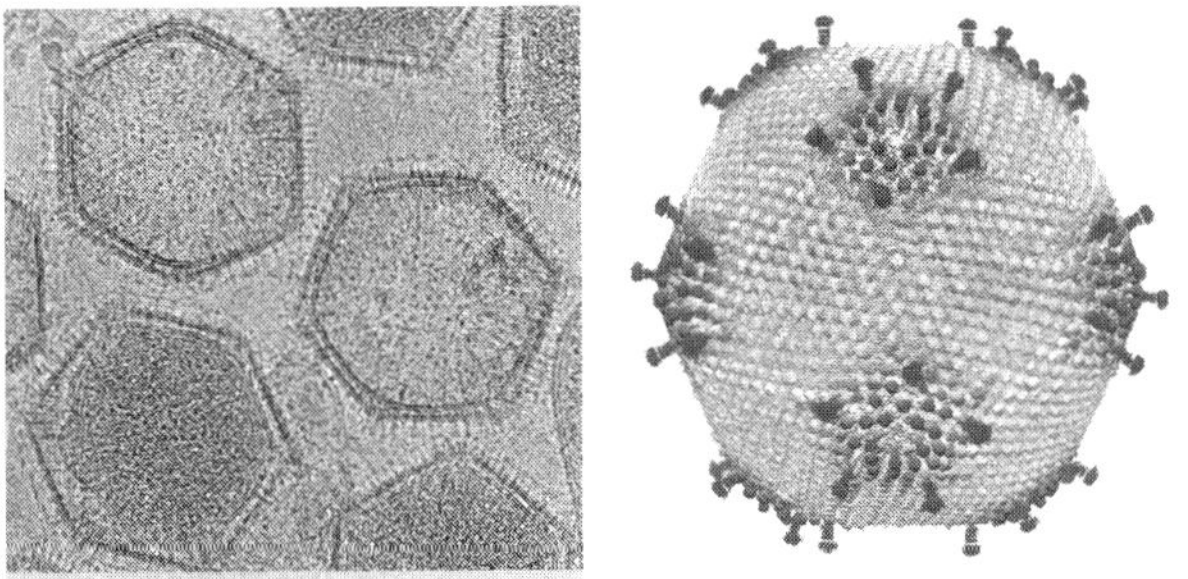
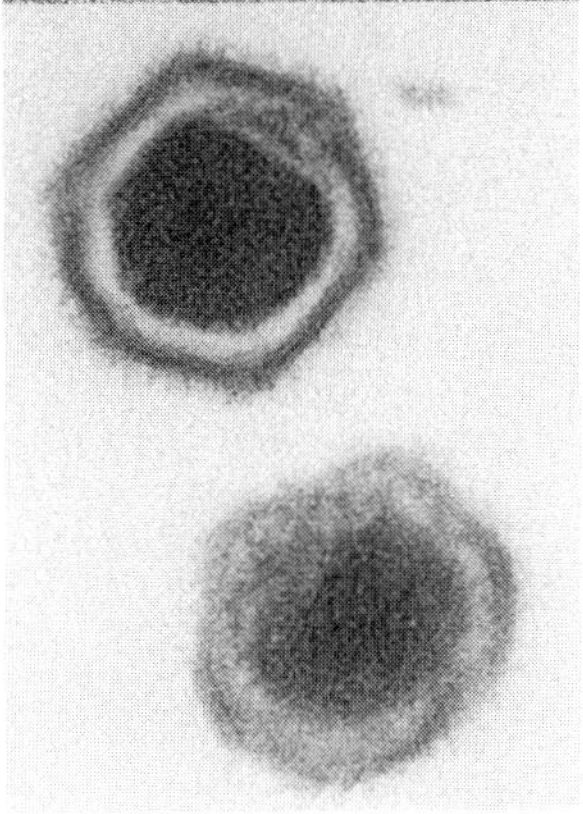

図5-6 メドゥーサウイルス
左上：クライオ電子顕微鏡像（写真提供：自然科学研究機構生理学研究所　ソン・チホン、村田和義）
右上：クライオ電子顕微鏡像の単粒子解析により構築した3Dイメージ（画像提供：自然科学研究機構生理学研究所　渡邉凌人、村田和義）
下：透過型電子顕微鏡像（写真：東京理科大学武村研究室）

とが判明したのである。

二つのシナリオ

「遺伝子の融合」はさまざまなしくみで起こりうるが、ステヌスにおけるＨ３・Ｈ４融合遺伝子の場合には、次のような現象が起きたと考えられる。

まず、前の遺伝子（Ｈ３）の末尾に存在していた、通常ならちゃんとあるはずの終止コドンを指定する三つの塩基配列が、なくなるか突然変異を起こすかによって終止コドンではなくなった。さらに、

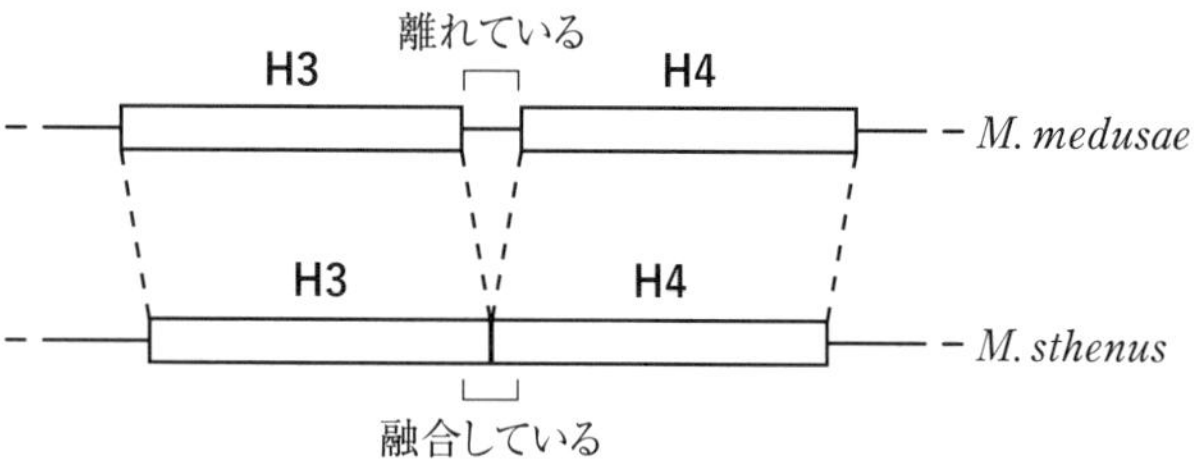

図5-7 メドゥーサウイルスのヒストンH3とH4

後ろの遺伝子（Ｈ４）の開始コドンまでの塩基配列がきっちり三の倍数となっていたため（あるいは変異の過程でうまい具合にそうなり）、その部分の配列でアミノ酸をきちんと指定することができた。その結果、Ｈ３とＨ４がくっついた融合遺伝子が誕生した――。

ただし、このシナリオは「メドゥーサエからステヌスが進化した」と考えた場合のものであって、反対に「ステヌスからメドゥーサエが進化した」可能性もある。その場合は、Ｈ３とＨ４の各遺伝子はもともとは一つであって、それが突然変異によってＨ３部分の最後に終止コドンができ、二つの遺伝子に「分かれた」ということになる（図５－７）。

いずれにせよ、メドゥーサエにとってはＨ３とＨ４が独立していたほうが、そしてステヌスにとってはＨ３とＨ４が融合していたほうが、それぞれ戦略的に好都合だったのだろう。どう好都合だったのかは、残念ながらまだ不明である。

生物における遺伝子融合

遺伝子の融合は、決してウイルス特有の現象ではなく、僕たち生物においても、染色体レベルの転座（ある染色体中の塩基配列の一部が、まるごと別の染色体にくっつくこと）などによって起こることが知られている。特に、細胞のがん化では、染色体の転座にともなう遺伝子の融合などにより、本来はそのタイミングで機能すべきではない遺伝子が、他の遺伝子と融合することで常時はたらいてしまうようになり、それが原因で細胞ががん化するなどの例がある。

生物の進化の過程でも、遺伝子融合は幅広く起こってきたと考えられている。

たとえば、コロナ禍で有名になった「抗体」というタンパク質がある。正式には「免疫グロブリンG」とよばれる、外敵に結合して免疫細胞がそれを破壊するのを手助けするタンパク質で、よく似た複数の領域がつながってできている。この各領域は、かつてはそれぞれが独立した遺伝子がコードするタンパク質であったと考えられている。進化の過程で遺伝子どうしが融合し、一つの大きな遺伝子が形成されて、現在の「抗体」という大きなタンパク質ができたのではないか、というのである（図5－8）。

このように、遺伝子の融合という現象は、遺伝子そのものはもちろん、その遺伝子がコードするタンパク質の構造や機能にまで大きな影響を及ぼすものだ。メドゥーサウイルスのヒストン遺伝子のように、現段階ではその機能全体に大きな影響をもたらしていないケースもあるが、免疫グロブリンのように、長い時間を経てなんらかの新しい機能をもたらす可能性も十分にあるので

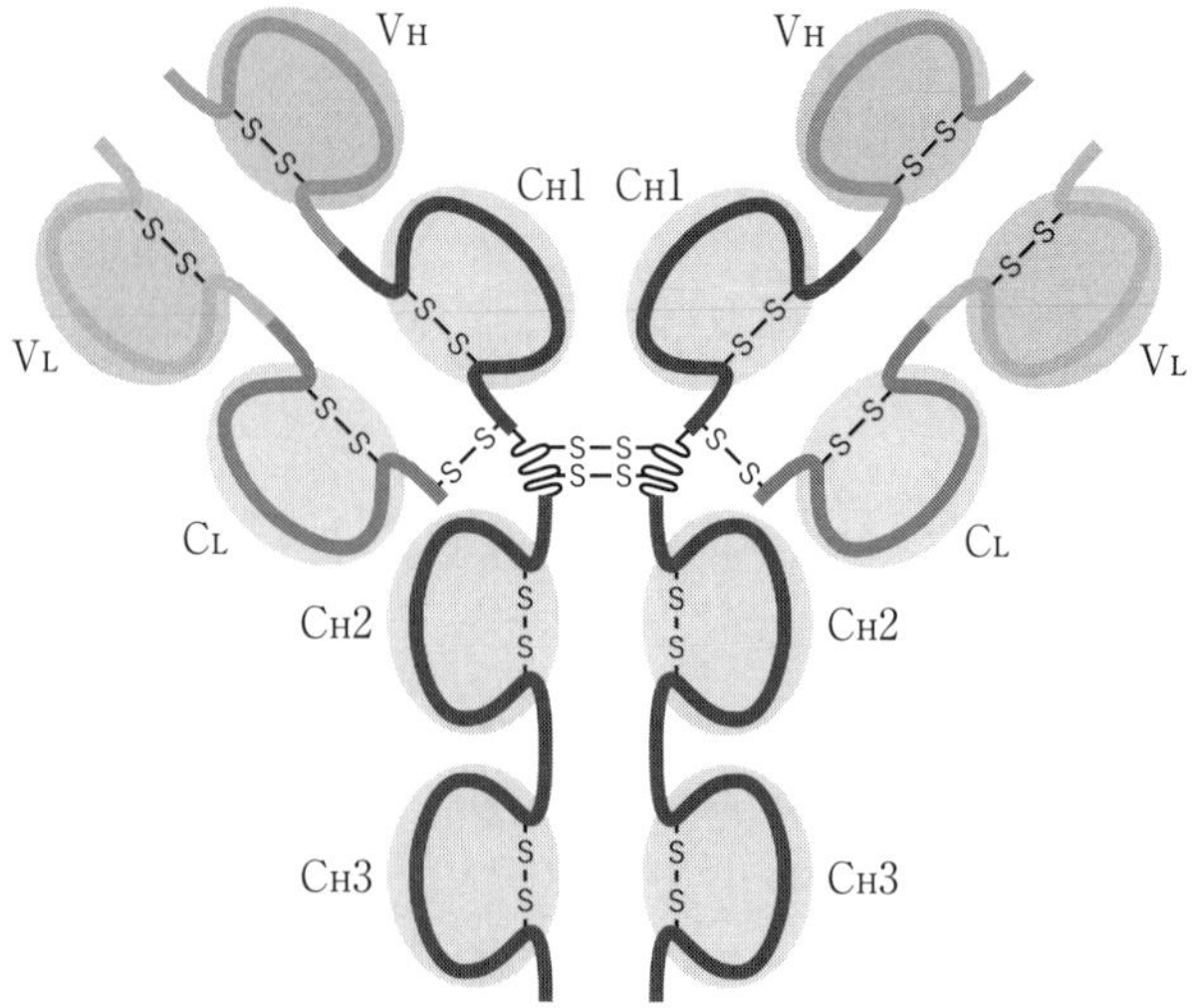

図5-8 **免疫グロブリンの構造**（Alberts B *et al.*『細胞の分子生物学』（中村桂子・松原謙一監訳）ニュートンプレスより改変して引用）

ある。

DNAの「組換え」現象

遺伝子の融合は、いったいどのようなプロセスを経て起こるのだろうか。

第一に、先に述べたような「終止コドンの消失」による遺伝子部分の〈延長〉に起因するものが考えられる。第二に、DNA複製時のDNAポリメラーゼによる複製スリップや、複製時に生じたDNAどうしの相互作用などによっても起こると考えられる。

そして第三に、これがおそらく遺伝子融合における最も重要な例の一つだと思われる、DNAの「組換え」とよばれる現象が挙げられる。

「DNAの組換え」という言葉は、遺伝子組換え実験や遺伝子組換え作物、あるいは遺伝子組換え食品などを通じて、一般にもよく知られている。ここでいう「組換え」は、ある生物に、別の種の生物の遺伝子を人工的に挿入したり、つないだりすることを指す言葉である。

たとえば、大腸菌を使ってヒトのタンパク質（糖尿病の治療に使われるインスリンなど）をつくり出す例がとりわけ有名である。インスリンの場合でいえば、大腸菌のもつ「プラスミド」という環状DNAにヒトのインスリン遺伝子を挿入し、大腸菌の細胞内に導入する。この大腸菌を培養すると、大腸菌の細胞内でヒトのインスリンタンパク質が大量につくられる、といった具合である。

自然界で生じるDNAの組換え

ここで重要なのは、このような人工的なDNAの組換えではなく、「自然界で生じるDNAの組換え」である。自然界で生じるDNAの組換えは、別種のDNAを挿入するのではなく、自分自身のDNAのあいだで起こるものがほとんどである。

ある一つのゲノムの中に、塩基配列が非常によく似たDNAが含まれている場合がある。僕たちヒトは、父親と母親、それぞれに由来する二組のゲノムをもっており、そのような生物を「二倍体生物」という。二倍体生物の場合には、もっているゲノムが〈似ている〉というか、〈ほとんど同じ〉ものが二つあることになる。したがって、生殖細胞がつくられる際に起こる減数分裂では、父親、母親それぞれの染色体の一部が、そのほとんど同じ部分をお互いに入れ替える「乗り換え」が生じることがつねである。

これは、お互いの塩基配列が〈ほとんど同じ〉ことに起因するもので、古典的に知られた「組換え」の一つだ。この組換えによって〈ほとんど同じ〉塩基配列に変化が生じ、ほとんど同じだが少しだけ異なる新たな塩基配列をもつＤＮＡが誕生する。同じ両親から生まれたきょうだいでも、互いに似た部分と異なる部分があるのはこのためだ。

これは〈ほとんど同じ〉、すなわち、相同な塩基配列をもったＤＮＡどうしの組換えという意味で、「相同組換え」とよばれる（図５−９）。

ＤＮＡの組換えが秘める「可能性」

僕たち二倍体生物の場合、相同組換えは「ＤＮＡの修復」にも用いられる。ある傷ついたＤＮＡがあったとして、それを修復するために、もう一つある同じ塩基配列を鋳型にして、傷ついたＤＮＡを復元するのである。

塩基配列の相同な部分がＤＮＡの組換えを引き起こすということは、次のような可能性も示唆している。ゲノムサイズが長くなる、つまりＤＮＡが長くなると、たまたまお互いに離れたとこ

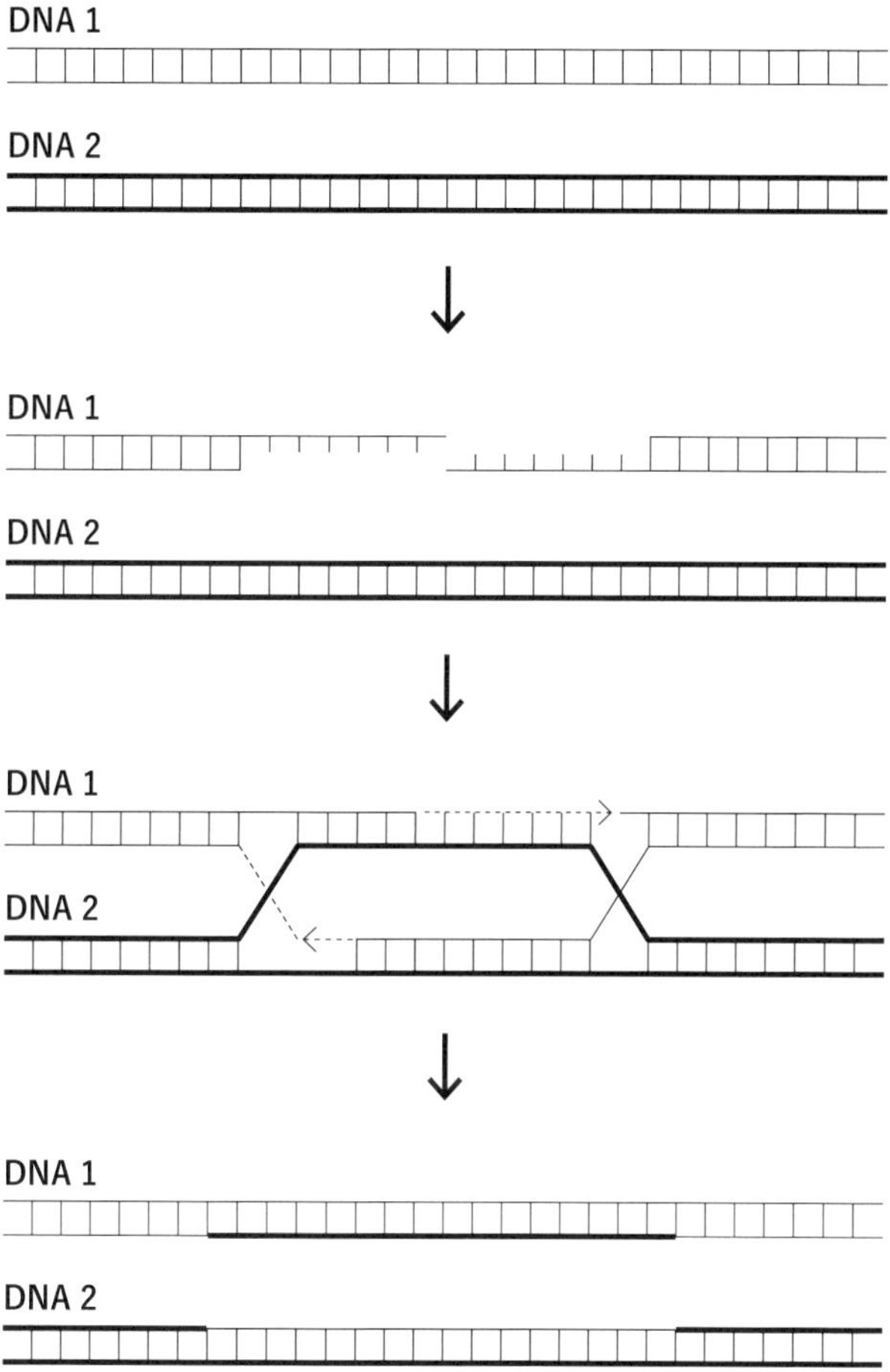

図5-9 相同組換えの一例

ろにあるＤＮＡの塩基配列どうしが相同な状態になる確率が高くなる。そんなとき、ゲノムの内部で組換えが起こることがあり、ある遺伝子が、それまでの染色体とはまったく別の染色体に移動する。

すなわち、ＤＮＡはその長さが長くなればなるほど、それぞれの遺伝子（や塩基配列）は「組換え」を通してさまざまな場所に移動するチャンスが増える、ということになる。

このような組換えが、たまたま離れたところにある二つの遺伝子のあいだで〈ジャストフィットに〉起こると、二つの遺伝子がうまい具合につながり、「融合遺伝子」が生じると考えられるのである。

進化を促す「ＤＮＡの組換え」

組換えを通じて「ウイルスが宿主のＤＮＡに、自身の遺伝子を挿入する」ということも、バクテリオファージやレトロウイルスなど、多くのウイルスで見られる現象である。

特によく知られている例が、バクテリオファージの「溶原化《ようげん》」という現象だ。バクテリオファージのＤＮＡの一部と、宿主であるバクテリアのＤＮＡの一部が、短いながらも相同な塩基配列をもっていて、その相同部分どうしが組換えを起こし、ファージのＤＮＡが宿主のＤＮＡに入り込むのである。このようにして宿主のＤＮＡに入り込んだファージのＤＮＡを「プロファー

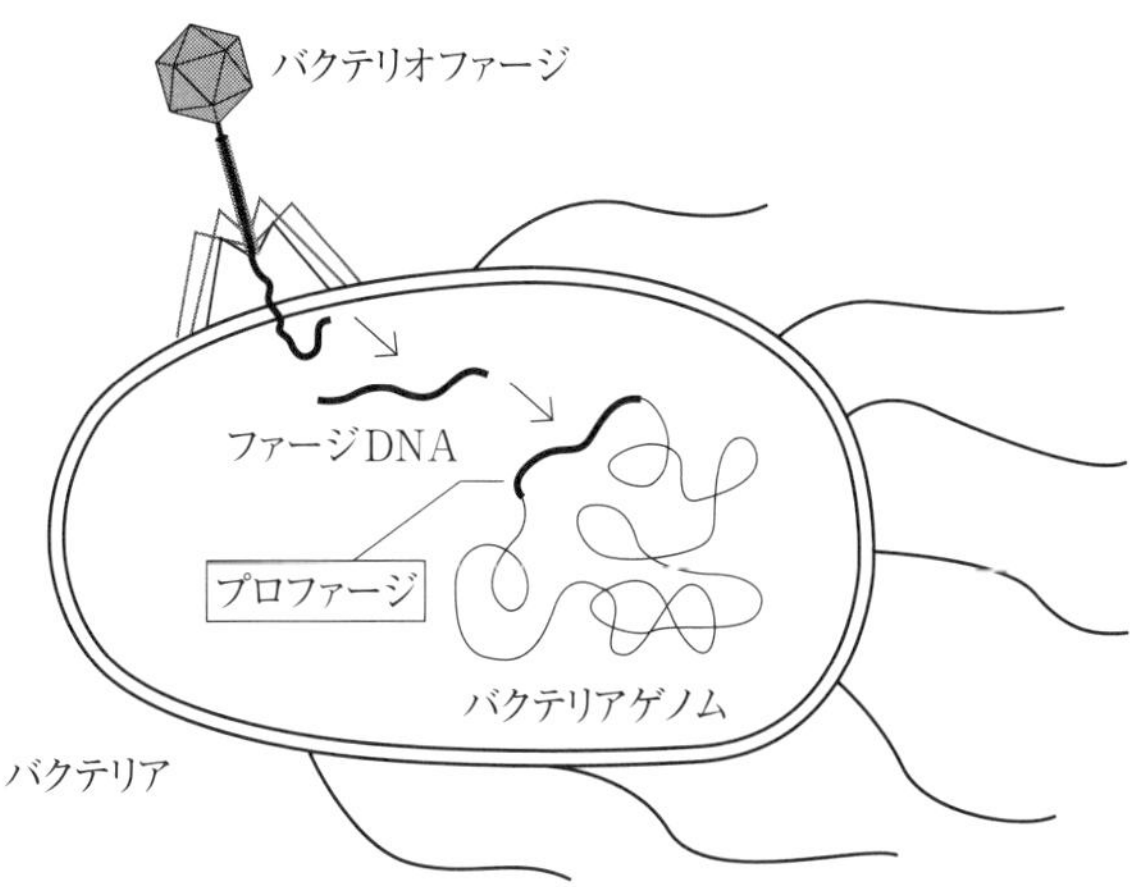

図5-10 プロファージ

ジ」という（図5－10）。

ウイルスのDNAが宿主のDNAに入り込む現象は、最近特に広く知られるようになってきた。その代表的な例についてはのちほど紹介するが、いずれも「DNAの組換え」によるものであると考えられる。これもまた、ウイルスの進化戦略の一部だろう。それが結果的に、僕たち宿主の遺伝子に影響をもたらし、タンパク質の機能が変化することにつながれば、僕たち生物の進化を促すことにもつながる。

なんとも不思議で、魅力的な話である。

DNAにとって「変化」とはなにか

長いあいだ故郷に帰ることができなかった人が数十年ぶりに帰郷し、子どもの頃によく遊んだ児童公園が本格的な公園へと〈進化〉していたり、よくお菓子を買いに行った地域の駄菓子屋さんが全国的コンビニチェーンに替わっていたりすると、どことなく寂しい気持ちになる。

こうした人間社会や人々の心の変化とは違って、「ＤＮＡの変化」は寂しいなどとはいっていられない大きな事情がある。寂しいどころか、天にも昇る気持ちかもしれない。

遺伝子の塩基配列が変化すると、往々にしてタンパク質の形や機能に変化が生じて、影響が〝表〟に出てしまう。生物学的にいえば、「表現型」に変化が生じることから、遺伝子以外の塩基配列が変化することに比べ、その影響はより強いと考えられる。しかし、そうして塩基配列が変化し、その変化が環境とうまく折り合いがつくような形質の変化に結びついた場合には、「進化」が起こる。

単にタンパク質の機能が亢進したり抑制されたり、あるいはまったく失われてしまったりする場合もそうだが、もっと長い目で見たときに、塩基配列の変化がタンパク質のさらに大きな、思いもよらぬ劇的な変化をもたらすことがある。その有名な例が、「クリスタリン」とよばれるタンパク質をコードする遺伝子である。

クリスタリンというのは、僕たちの目、すなわち眼球に存在するタンパク質である。「水晶体」とよばれる眼球の「レンズ」にあたるところに大量に存在するため、眼の機能にとってきわめて重要なタンパク質である（図５－11）。

〈介添え役〉から出世したクリスタリン

このタンパク質は、じつは一生、入れ替わることがない。水晶体の細胞では、発生の過程でクリスタリンがたくさん合成されると、リボソームでのタンパク質合成がおこなわれなくなってしまうからである。したがって僕たちは、このタンパク質が変性しないように、大事に使わなければならない（クリスタリンが古くなり、変性することによって「白内障」が発症する）。

このクリスタリン遺伝子は、眼の水晶体が進化するよりずっと以前は、眼の有無と

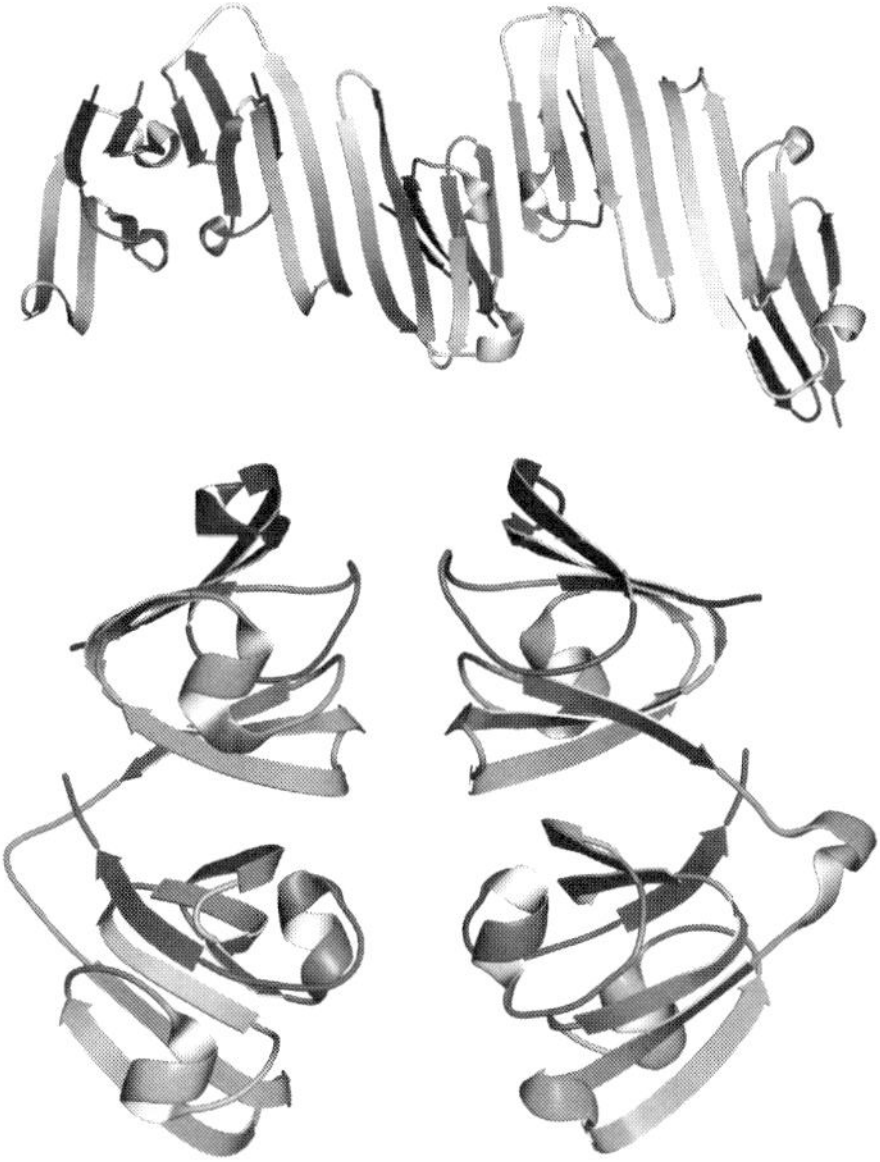

図5-11 クリスタリンタンパク質の構造（ヒトαクリスタリン：PDBj 10.2210/pdb2wj7/pdb、ヒトγクリスタリン：PDBj 10.2210/pdb7n36/pdb）

は関係なく、タンパク質の形を整える役割を担う「シャペロン」の機能をもつタンパク質の遺伝子だったことがわかっている。

シャペロンは、フランス語で〈介添え役〉を意味する言葉で、熱ショックタンパク質（ヒートショックタンパク質）ともよばれる。タンパク質の変性を防ぐ効果もあるため、シャペロンはすべての生物が保有すると考えられている。

そのシャペロンが、眼にとってきわめて重要なクリスタリン遺伝子へと進化したのである。これは、生涯にわたって作り替えられることがないという運命を背負ったクリスタリンが、自分自身をきちんとした状態に保つことができるという性質を身につけていたからこそ、可能になったことなのだろう。

クリスタリンの場合、シャペロンとしての機能そのものは潜在的に変化したわけではなかったのだろう。その一方で、眼を手に入れた生物が、かつてシャペロンとしてはたらいていたクリスタリンを有効活用することに成功したのは、その遺伝子に生じた突然変異により、いわば「手を加える」ことに成功したからだともいえる。

クリスタリンは、ある機能をもったタンパク質が、進化の過程で別の機能をもつよう進化した典型的な例である。同様の例はほかにも山ほどあるが、最も有名になったものとして挙げられるのは、もともとはウイルスのタンパク質だったものが、感染した先の生物において、別の機能をもつよう進化した、次の例であろう。

新たな遺伝子の「獲得先」

ウイルスは、感染するたびに宿主の細胞内で複製を繰り返すから、そのゲノムが比較的早く変化していく傾向にある。

その究極的な姿として、宿主の中に入り込み、そのまま宿主と〈同化〉してしまうウイルスもいるほどである。特に、「レトロウイルス」とよばれるウイルスの仲間は、自身はRNAをゲノムとしてもっているくせに、宿主の細胞に入り込むとそのRNAからDNAをつくり（これを「逆転写」という）、そのDNAを宿主のゲノムの中に組み入れてしまうものたちである。

多くのレトロウイルスは、宿主のゲノムの中で一定期間〈グースカ眠った〉後、目覚めてRNAをたくさんつくり出し、やがて宿主の細胞から飛び出すのだが、なかには〈眠ったまま〉覚醒せず、やがて突然変異が起こって永久に目覚めなくなってしまうものもいる。そのようなウイルスの〈残骸〉から、生物はしばしば、新たな遺伝子を獲得してきたと考えられている。

レトロウイルスのほとんどは、「エンベロープ」とよばれる細胞膜と同じ成分でできた脂質二重層を、その表面にまとわせている。レトロウイルスが細胞に感染するときには、このエンベロープを細胞膜に融合させるようにして一体化させ、中身が細胞質へと放出される。この膜どうしの融合が起こるとき、ある種のタンパク質（ここでは「エンベロープタンパク質」と一括りに表現してしまおう）がその融合反応の引き金になる。

融合した巨大細胞

僕たち哺乳類、特に有胎盤類《ゆうたいばんるい》とよばれる、最も繁栄している（と自称している）哺乳類のグループは、その名のとおり、母親の子宮の中で「胎盤」という臓器をつくり、これを介して、栄養分や排泄物、酸素や二酸化炭素などを母体血とのあいだでやり取りしながら成長する。

この胎盤が、進化のうえでどのようにして誕生したかということに、レトロウイルスのエンベロープタンパク質とその遺伝子が関係しているのである。

胎盤は、酸素などの交換を容易にするために、母親側の表面、つまり、母体血を受け止める胎盤の表面に、きわめて薄い細胞の層が広がっている。しかも、その細胞が全体にわたって融合した「シンシチウム」とよばれる巨大な細胞を形成している。

胎盤のシンシチウムは、「トロフォブラスト」という細胞が融合して巨大な多核細胞になったものだ。このシンシチウムをつくるための重要な遺伝子の一つに「シンシチン遺伝子」というものがある。シンシチン遺伝子にも、エンベロープタンパク質遺伝子にも、どちらにも「膜どうしを融合させる」という共通の機能がある（図5－12）。このことから、シンシチン遺伝子はレト

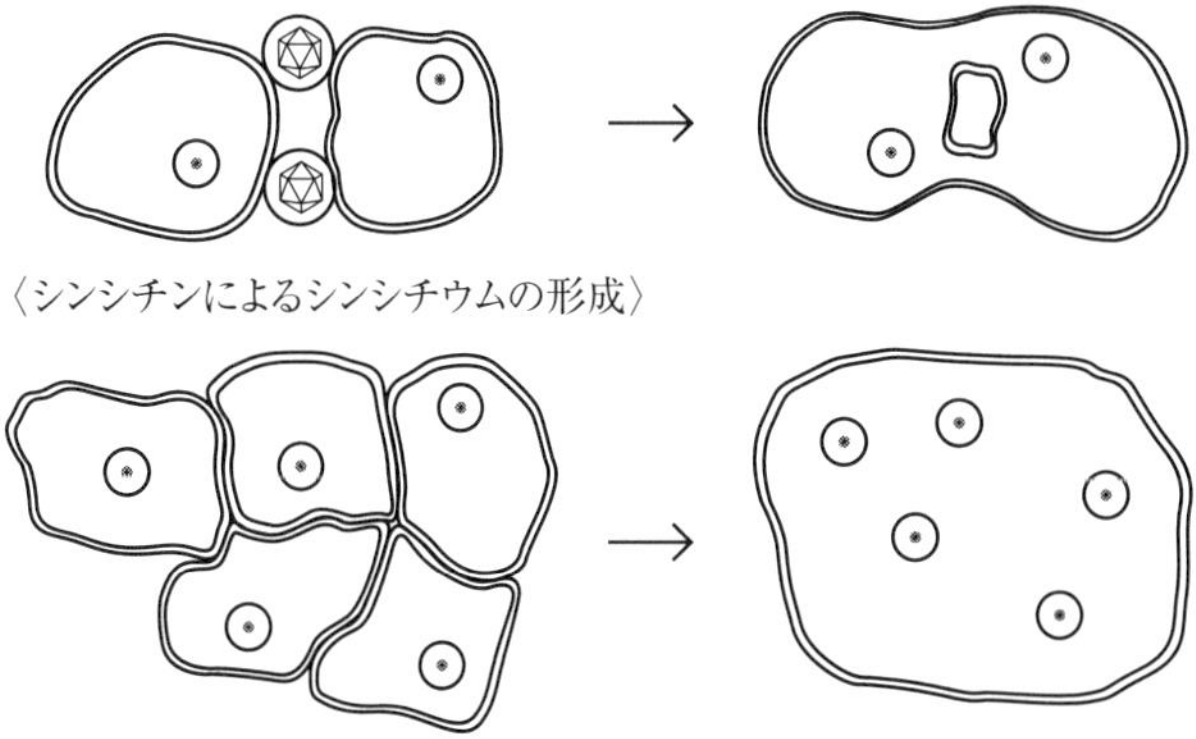

図5-12 エンベロープタンパク質遺伝子とシンシチン遺伝子の共通性　レトロウイルスによる細胞の融合とシンシチウム形成の基本メカニズムは同じであると思われる

ロウイルスのエンベロープタンパク質の遺伝子が進化してできたものだと考えられているのである。

ウイルスの「内在化」とシンシチン遺伝子

そのシナリオは、おそらくこうである。

太古の昔、まだ哺乳類が進化する前の爬虫類だった時代に、あるレトロウイルスが哺乳類の祖先となった爬虫類（哺乳類様爬虫類）に感染した。そのレトロウイルスは、長い期間にわたって彼らに感染しつづけ、あるとき偶然に、その生殖細胞に感染するようになった。そこでレトロウイルスの遺伝子であるRNAが逆転写してDNAとなり、生殖細胞のゲノムに組み込まれた。そして、そのまま宿主の遺伝子として次世代に引き継がれるようになった——。

この現象を、ウイルスの「内在化」という。

内在化したレトロウイルスのエンベロープタンパク質遺伝子が、タンパク質を宿主の細胞内で発現するようになり、それがシンシチン遺伝子へと進化したのだろう。

「ずいぶん簡単にいうもんだぜ」と思うかもしれない。たしかに簡単にすませたとは思うが、これ以上複雑にいうのは逆に難しい。

そもそも胎盤の形成は、おそらく何千万年、何億年というレベルの進化の話であり、その間にどのような突然変異が起こったのか、なぜそれが胎盤形成という哺乳類の個体の一生の、ごく初期のほんのわずかな期間のみではたらく遺伝子へと進化したのか、これをエビデンスベースで理路整然と述べることはなかなかできないのだ。分子進化の過程そのものは、概要は理解できるものの、〝個別の案件〟は不明なものがほとんどなのである。

そうはいっても、シンシチン遺伝子がかつてレトロウイルスのエンベロープタンパク質遺伝子だったことは、多くの研究者が認めていることだから、おそらく事実なのだろう。

レトロウイルスの内在化した遺伝子が、進化して胎盤に関する機能を獲得した例は、じつはシンシチンだけではない。東京医科歯科大学の石野史敏教授が発見した「PEG10（ペグテン）」という遺伝子もそうである。

PEG10は、かつて脊椎動物の祖先に感染したレトロウイルスが内在化し、哺乳類へ進化する系統ではPEG10遺伝子へと進化した一方で、魚類へと進化する系統では「Sushi-ichi（スシイチ）」という名のレトロトランスポゾンへと進化したことで知られる。元は同じだったものが、進化の過程で系統によって異なる遺伝子（あるいはレトロトランスポゾン）へと進化した、というわけである。

DNAは、あるときには複製エラーや複製スリップによって塩基配列が変化したり、組換えが起こったり、遺伝子どうしが融合したり、またあるときにはウイルスに由来する遺伝子が新たに誕生したりして、〈少しずつ〉変化していく。

だからこそ遺伝子は、長い年月をかけて機能を変化させたり、新たな機能を獲得したりすることができるのである。

病気とDNA

本章の締めくくりにあたり、病気とDNAの関係について触れておこう。

がんは、よく「DNAの病気」といわれる。DNAの病気とはいったいどういう意味なのか。

がんは、それ以前は正常だった細胞がいきなり〈豹変〉し、多細胞生物の一員だったことを〈忘れて〉無秩序に増殖しはじめた結果として生じるものだ。したがってその原因は、がん化した細胞の〈設計図〉自体がおかしくなったためだと考えられる。がんが「ＤＮＡの病気」であるとは、そういう意味だ。

がんとＤＮＡの関係において、有名なのは「がん遺伝子」と「がん抑制遺伝子」だろう。

がん遺伝子というのは、正常にはたらいていた遺伝子の一部が突然変異を起こした結果、はたらかなくてもよい場面でもがむしゃらにはたらくようになって、無秩序な細胞の増殖を引き起こすようになった遺伝子だ。一方のがん抑制遺伝子は、がん遺伝子とは反対に、もともとは細胞の増殖にブレーキをかける役割を果たしていたはずの遺伝子が、突然変異によってそのはたらきを失うことで、細胞が無秩序に増殖するようになった遺伝子である。

最近は、がんの原因にもさまざまなものがあり、単にがん遺伝子やがん抑制遺伝子の突然変異がすべてではないことがわかっている。それでも、がん遺伝子やがん抑制遺伝子の関与の有無にかかわらず、ＤＮＡに生じるなんらかの変化が引き金になって、細胞ががん化することは間違いない。

たとえば、悪性のがん細胞のゲノムは、もはや正常だった頃のヒトゲノムとはほど遠い状態に変化していることが知られている。こうしたがん細胞では、逆位や転座といった染色体レベルでの変化が生じ、染色体の大きさが正常な細胞とは違っていたり数が違っていたりする。

最も有名ながん細胞ともいわれる「HeLa（ヒーラ）細胞」の姿を図5－13に示す。これは最もインパクトの強い写真をあえて選んだもので、もはやヒトの細胞ではなくなって、一個の独立した単細胞生物であるがごとくである。この細胞の染色体も、もはやヒトのそれではない。

「活性酸素種」がもたらすDNA損傷

DNAは、長い時間をかけてゆっくりと変化していけば、そしてそれが生殖系列の細胞で起こり、致死的になったり生存に不利になったりしなければ、その生物の進化へとつながっていく。一方で、短い時間で一気に変化してしまうと、そしてそれが生殖とは関係のない体細胞で起こってしまうと、細胞のがん化をもたらす。

がん以外の病気でも、同じようなことがいえる。

複製エラーに起因する突然変異もそうだが、さまざまな化学物質や放射線、紫外線などの影響で、体細胞のDNAがダ

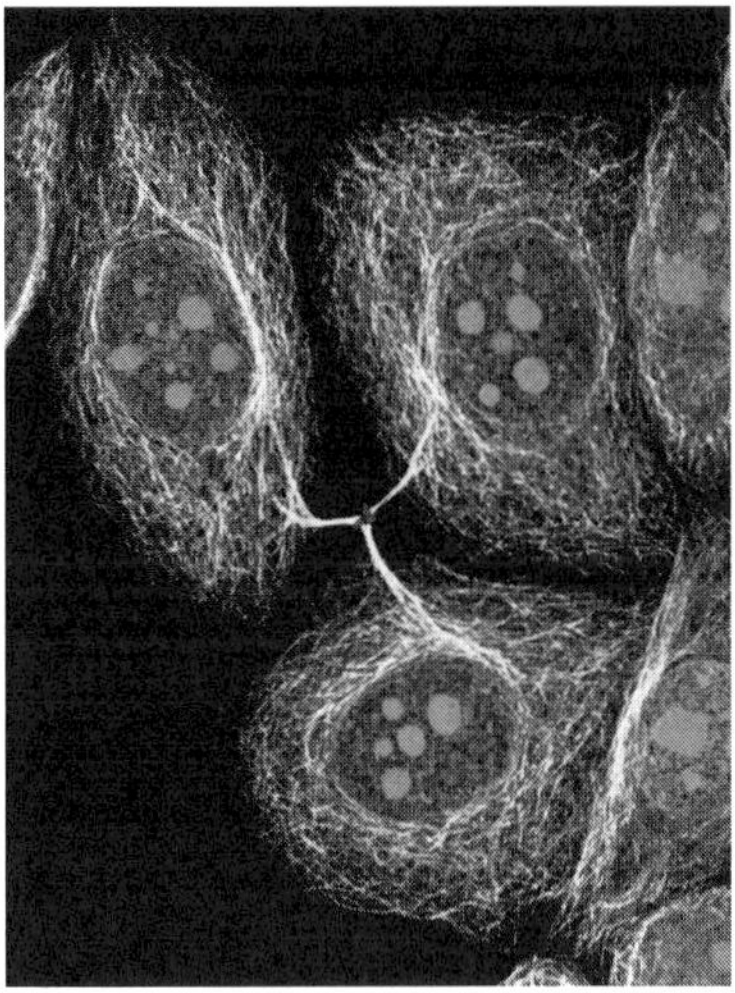

図5-13 最も有名ながん細胞「HeLa細胞」
(Science Photo Library/アフロ)

メージを受けると、その細胞のはたらきが弱くなったり細胞が死んだりして、体にさまざまな影響が出る。特に有名なのが、「活性酸素種（ROS：reactive oxygen species）」とよばれる、酸素原子を中心に構成される非常に反応性の高い物質によるDNAの損傷であろう。

ROSのうち、特にヒドロキシラジカル（・OH）という物質は、その反応性の高さからDNAを切断したり、塩基の形を変えたり、二本鎖DNAどうしを結びつけたりといった、DNA全体の構造に関わる大きな損傷を与えることが知られている。

DNA（というか僕たちの細胞）はたいていの場合、こうした損傷を修復する能力をもっているが、それを上回るヒドロキシラジカルによる反応が起これば、DNAの損傷が修復を上回り、ゲノムは不安定になって、やがて細胞は弱って死ぬ。その結果、その細胞を含む組織や臓器にも異常をきたし、さまざまな病気が引き起こされる。

いくら「変化すること」がDNAの特徴の一つだからといっても、そこには当然、限度というものがある。その限度を超えてしまえば、DNAはそのはたらきを失い、細胞は死ぬ、ということである。福笑いで、顔のパーツの置き方を変えていって、ある時点までは「人間の顔だ」と感じられても、ある時点から「なんじゃこりゃ！」となってしまうのと、いうなれば同じということだ。

その限度はいったいどこにあるのか。どの時点でDNAの損傷が修復を上回るのか、DNAの何パーセントが損傷を受けたり変化したりしたら細胞が死ぬのか――そのあたりをきちんと定量化して明らかにした研究は、まだないのではないかと思われる。

＊

さて、第2部もこれで終わり。

第2部では「変化する」ということ、すなわちDNAの突然変異と、それに基づく分子進化などについてお話ししてきたわけだが、DNAの変化はそれだけにはとどまらない。「もっとオモロイこと」が、この後に待ち受けているのである！

コラム

エピジェネティクス――「遺伝の常識」からの逸脱

本書はDNAに関する本だから、「変化する」のはDNAの塩基配列であって、それのみを遺伝と関連づけて考えてしまいがちになる。しかし最近の研究では、細胞から細胞へ、そして親から子へと遺伝するのはDNAの塩基配列だけではなく、DNAという物質に生じる〝ある化学的変化〟もまた引き継がれる、ということがわかってきている。

たとえば、受精卵から細胞分裂を経て、ある系列の細胞に分化しようとするとき、その

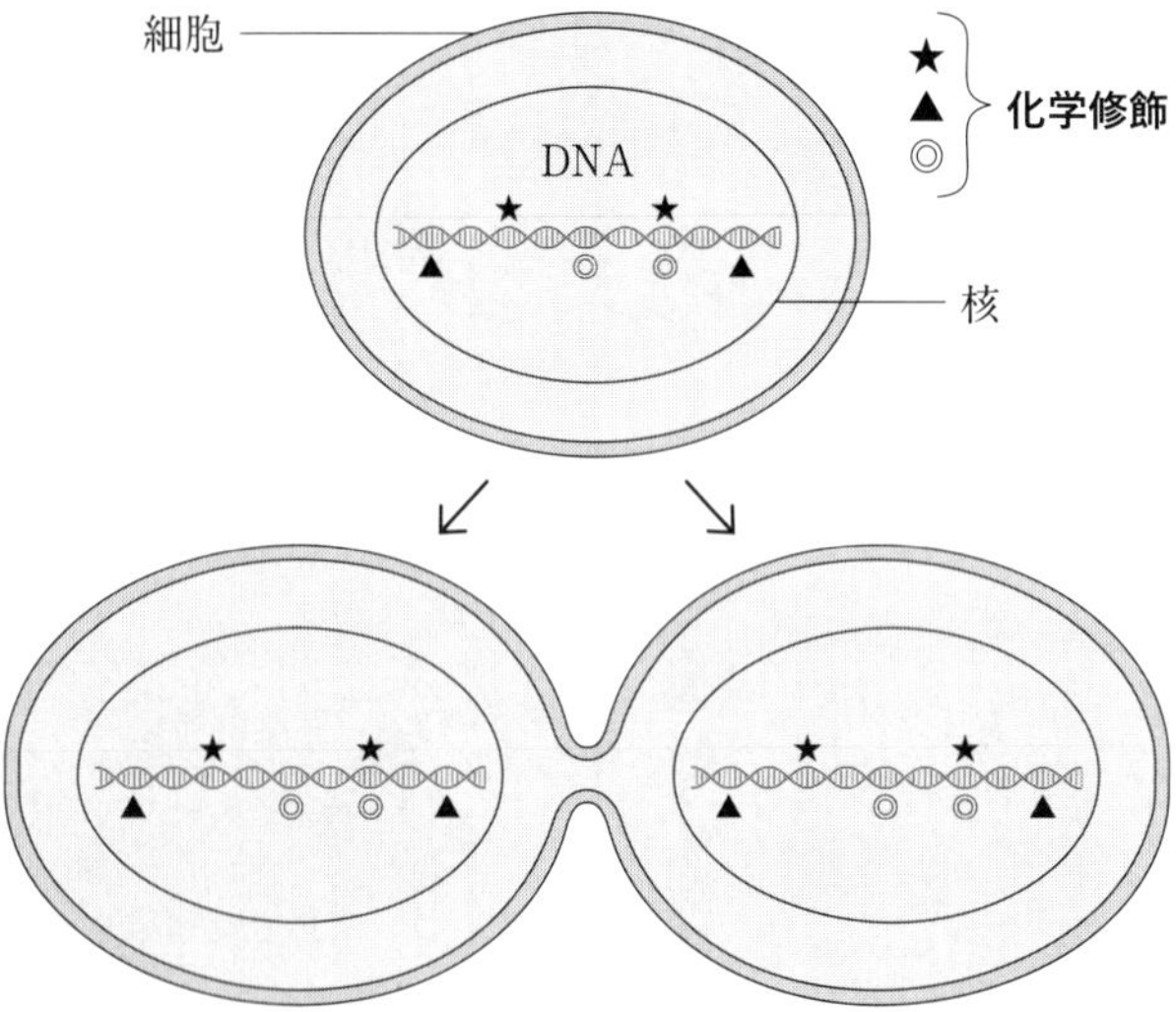

図5-14 エピジェネティクス　化学修飾には、DNA自身に生じるもの（メチル化など）と、DNAと結合しているヒストンタンパク質に生じるもの（アセチル化やメチル化など）があり、いずれも次世代の細胞に引き継がれると考えられている

細胞のDNA（あるいはそれが巻きついているヒストン）に、メチル化やアセチル化などの化学修飾が起こる。

そうすると、その細胞がどのようなはたらきを担う細胞になるかによって、数ある遺伝子のなかであるものは発現し、あるものは発現しないという選択が起き、その化学修飾のパターンがそのまま、子孫の細胞へと引き継がれていくのである。

その結果、肝細胞は分

裂しても肝細胞のままでいられるし、皮膚の基底細胞が分裂すると表皮細胞にはなるが、心筋細胞には決してならない、といったことが起こるのである。

このように、DNAの塩基配列以外の要素（ここでいう化学修飾のパターン）が、細胞が分裂してもそのまま次の細胞に引き継がれるような現象のことを、あるいは、この現象を研究する学問分野を「エピジェネティクス（後成的遺伝学）」という（図5−14）。

遺伝という現象はこれまで、DNAの塩基配列が次世代に伝わるものであるということから、かつてジャン＝バティスト・ラマルク（一七四四〜一八二九年）が唱えた「獲得形質の遺伝」はありえない、とされてきた。ある個体が、外部からなんらかの作用を受けてある形質を獲得したとしても、その形質が生殖細胞の遺伝子に塩基配列の変化として伝わり、そして次世代に伝わるようなことはないからである。

しかし、化学修飾のパターンがそうした「形質」のもとになるとするならば、獲得形質の遺伝という現象も、エピジェネティクスの側面から見れば「ありうる」ということになる。いわば「遺伝の常識からの逸脱」であるともいえる。

現在では、細胞のがん化にもエピジェネティクスが関わっていて、先ほど「DNAに生じるなんらかの変化が引き金になって、細胞ががん化する」ということを述べたように、がん遺伝子やがん抑制遺伝子の塩基配列そのものは変化しなくても、これらの遺伝子発現を調節するための化学修飾が異常をきたすことで、通常は発現しないはずの遺伝子が発現してしまったり、ふつうは発現するはずのがん抑制遺伝子が発現しなくなってしまったりすることが発がんの原因になる、ということも知られるようになってきた。

エピジェネティクスは、現在の分子生物学のなかでも特に活発に研究がおこなわれている分野だ。今しがた述べた発がんメカニズムのみならず、iPS細胞を使った再生医療や細胞工学など、今後発展していく生命科学に大きく関わっているといえる。紙幅の都合上、本書では詳しくは述べないので、興味のある方は成書を参照されたい。

第3部

動き回るDNA

DNAは、それをもつ生物や人間の細胞の中心にあって、その生物や人間の形、性質、そして行動を規定しているものである。したがって、「細胞の中」から出入りしたり、あるいは、「細胞の中」においてでさえ動き回ったりはせず、「でん」と腰を落ち着かせているイメージを抱いてはいないだろうか。すなわち「DNA＝不惑、不動」の〈DNA観〉である。

しかし、僕のようにウイルス（といっても巨大ウイルス）の研究をしていると、「DNAってのは、もっとずっと自由度が高く、いわばフリーな物質なんじゃないか」と思うことが往々にしてある。DNAウイルスは「DNAをタンパク質の殻で包んだだけ」という見方もあるくらいで、生物の細胞に感染し、そこでDNAを複製しては飛び出し、また別の生物の細胞に感染し……、というサイクルをほぼ永久に繰り返している。その目線に立てば、じつはDNAというのは「あっちの細胞からこっちの細胞へ」、また「こっちの細胞からそっちの細胞へ」とたえず動き回っている——そんな物質なのだという思いを禁じえないのである。

しかも、ウイルスと生物とのあいだに横たわっているのは、単に「感染し、感染される」という関係ではなく、「DNAを通じてもっと深く絡みあった関係なのだ」ということが、近年になってわかってきた。そして生物のDNAも、じつのところいろいろと動き回っているのである。いったいどこをどう、動いているのか。

動き回るDNA——それが、第3部のキーワードである。

第6章 動く遺伝因子「トランスポゾン」

僕たち人間が、ある対象物の本質を理解しようとするとき、それを妨げる要因はいろいろ考えられる。実験をするための材料が手に入らないとか、実験方法がわからないとか、同僚の妬みにあって足を引っ張られるとか、隣の机でいつもゲームをしてるヤツがいて邪魔になって集中できないとか、そういった些末な原因はたくさんあるわけだけれども、最も重要なのは「名前」なのではないかと僕は思っている。

なぜかというと、名前というのは得てして、その対象物に対する〝先入観〟を、僕たちに植えつけてしまうからである。そしてそれは、本書がテーマとしているDNAに対しても同様なのである。

「遺伝子」という名の先入観

「ウイルス」という名前に対してもそうだ。この「virus」という言葉は、もともと「病毒」を意味するラテン語に由来している（中国語でも、ウイルスはまさに「病毒」と表現される）。なぜ病毒かといえば、それはもういわずもがな、ウイルスが、昔から知られていた伝染病（今でいう感染症）の原因であるとされた「なにか」だったからである。最初から伝染病の原因とされてしまった「ウイルス」は、「病毒」という悪魔的なイメージを有する名前をつけられたがゆえに、「ウイルス」といえば「病気をもたらす悪いヤツ」というイメージが世界中に定着してしまった。実際には、決して病毒ではないウイルスのほうが圧倒的に多いはずなのだが。

同じように、DNAといえばまず、最初に想起されるであろう「遺伝子」という言葉に対する先入観が、その理解の本質を妨げているのではないか、と僕は思う。

英語の「gene」はいざ知らず、日本語においては「遺伝」という言葉が含まれているとおり、「遺伝子」という名前には「親から子へと遺伝するもの」という意味がある。だからDNAにも、「その生物の細胞の中で、親から子へと複製されて引き継がれていく、ずっと細胞の中にいる物質だ」という先入観があるのではないか。

しかし、それはそれでよいのだ。どのようなDNAであろうとも、生殖細胞の中に存在するDNAはすべて受精卵へと引き継がれるわけだから、先入観であることはたしかではあるものの、理解自体は間違ってはいない。

ここで僕がいいたいのは、DNAの一部にしか該当しない「遺伝子」という言葉——いやむしろ、DNA全体を含む「遺伝情報」という言葉が、「引き継がれる」という性質だけを強調しているあまり、その点にのみ目と心を奪われてしまうことが「DNAの固定イメージ」をつくりあげ、そこからこぼれ落ちる部分に対する理解を妨げているのではないか、ということである。

その固定イメージの一つは、じつは学術的には打破されてすでに久しいわけだけれども、一般的にはまだだろう。まずはその話からはじめよう。

「狭い範囲」で動き回るDNA

バーバラ・マクリントック（一九〇二〜一九九二年）といえば、彼女が亡くなった当時、僕はまだ大学四年生で、卒業研究に一心不乱に取り組んでいた（図6-1）。

新聞に掲載された訃報記事の、トウモロコシを手ににこやかに笑っているマクリントックの写真を見て、「かっこいいお婆さんだな」と思った記憶がある。

図6-1 マクリントック(Science Source／アフロ)

マクリントックは、栽培しているトウモロコシの実に見出される斑点が、メンデルの遺伝の法則によっては理解できない多様性をもたらすことを見つけ、トウモロコシの実の色に関する遺伝子が減数分裂の際に「動く(位置を変える)」のではないかという、新たな仮説を提唱したことで知られる。

彼女のこの研究が、「動く遺伝因子」の最初の発見だった。多くの大発見によくある逸話のとおり、周囲の科学者たちの当初の反応は「なにいうとんねん、アホちゃうか」的なものだったようだが、徐々に認められ、最終的にマクリントックは、一九八三年のノーベル生理学・医学賞を単独受賞した。

マクリントックが発見した「動く遺伝因子」は、現在では「トランスポゾン」とよばれているものの一つである。トランスポゾンとは、「トランスポーズする(場所を変える)因子」という意味だ。いったいどのように「場所を変える」のだろうか。

〈カット&ペースト〉を使いこなす分子

トランスポゾンは、長い時間をかけてゲノムの中を動き回る塩基配列であり、その「動き回り方」には異なる二つの方法がある。

大雑把にいうと、トランスポゾンは「DNAトランスポゾン」と「レトロトランスポゾン」に大別される。このうち「DNAトランスポゾン」は、自らをゲノムから切り出し、同じゲノムの別の場所にふたたび組み込むという〈離れ業《わざ》〉をやってのける。これをわかりやすく説明する喩えが、〈カット&ペースト〉だ（図6−2）。

カット&ペーストは、ワープロソフトに慣れてしまった現代人にとって、今や文章を書く際に欠かせない手法になっている。ウィンドウズパソコンの場合であれば、選択した文字列をキーボードの「コントロール＋X」でカットし、「コントロール＋V」でペーストすることで、その文字列を別の場所に動かすことができる（マックの場合は「コマンドキー＋X」がカット、「コマンドキー＋V」がペースト）。

DNAトランスポゾンの場合は、「トランスポザーゼ」とよばれる酵素が、この〈カット〉と〈ペースト〉をおこなうと考えられている。DNAトランスポゾンの塩基配列には遺伝子、すなわち、タンパク質のアミノ酸配列をコードする部分があって、そこからつくられるタンパク質で

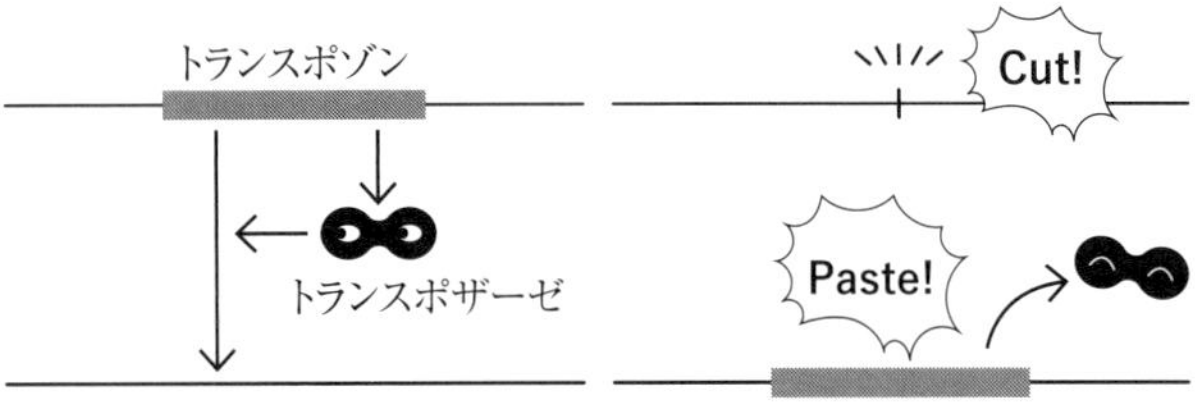

図6-2 DNAトランスポゾンとカット&ペースト

あるトランスポザーゼが、トランスポゾン自身をゲノムから切り出すはたらきをするとともに、切り出した自らのトランスポゾンを、ゲノムのほかの場所に挿入するというはたらきをするのである（図6-2）。

この挿入の方法、すなわち〈ペースト〉の過程は、第5章で紹介した「組換え」の一つであると考えられている。

「動く」といっても

僕たちが「動く」というとき、たいていはいま目の前で「お〜！動いとる！」と認識できるような「動き」がイメージされるはずだ。人間が認識できる時間的な範囲内で動く状態を、僕たちは「動く」と表現するからである。

だから、身のまわりにいる生物で、認識できる時間的な範囲内で動くものを「動物」といい、そうした動きをしないものを「植物」と呼び分けている。

しかし、「植物だって動いている」というのは、もはやすべての人間が知る事実となっている。高速度カメラやタイムラプス（微速度撮影）で撮影し、それを再生すれば、植物が動いていることは一目瞭然である。ヒマワリが太陽の動きに応じて花びらの方向を変えるのは、最も有名な例の一つだ。

オジギソウなどの一部の例を除いて、人間の時間的感覚では植物の動きを感知できないがゆえに、「植物は動かない」と僕たちは思ってしまうが、それもまた先入観にすぎない。実際には、僕たちが感知できないだけでゆっくりと、植物たちは「活発に」動いている。

動く遺伝因子にも、同じようなことがいえる。

DNAトランスポゾンが、自らを切り出してゲノムのほかの場所に自らを挿入するという行為は、たしかに細胞の中で起こる。しかし、どのくらいのタイムスパンでこれが起こるのかについては、さまざまな場合がある。

つまり、てきぱきと切り出しから挿入までをこなして、僕たちがイメージする「動物」のように「スッと動く」場合もあるし、きわめて「ゆっくりと」作業を進めて、僕たちがイメージする「植物」よりもさらに遅く、「何万年もかけてようやく動く」場合もある、ということである。

自由自在に「動ける」のか？

前者の「スッと動く」代表が、マクリントックが明らかにしたトウモロコシにおけるDNAト

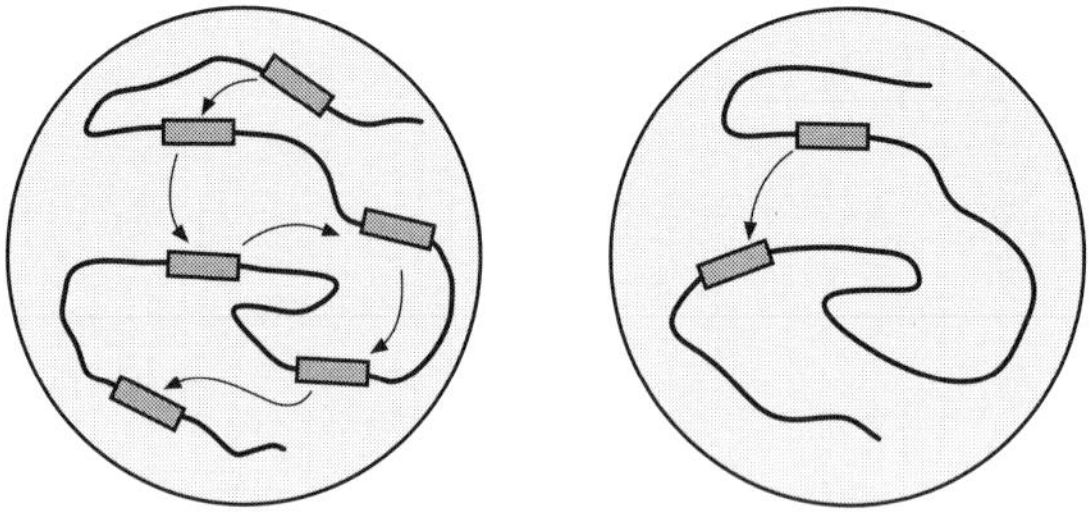

図6-3 「動く」といってもいろんなパターンがある

ランスポゾンの「動き」であろう。その動きは比較的、僕たちの目で認知できる時間内で起こる。これはマクリントックが、トウモロコシの実の斑点のパターンが世代が変わるごとに変化するという現象から発見できたことからもわかる。

だが、後者のように、きわめて動きの遅いDNAトランスポゾンの場合には、何世代にもわたるゲノムの複製がその間に挟まれるため、「動く」といってもその様相は非常に複雑だ。なにしろ、「ゆっくりと動く」といっても「あっ、あのトランスポゾン、昨日は二〇塩基だけ切り出されてたけど、今日は二一塩基まで行ったぞ!」みたいな意味での「ゆっくり」ではない。もっと壮大な、「何万年に一度だけ動いた!」というレベルでの「ゆっくり」だからである(図6-3)。

第1部でも述べたように、真核生物のゲノム(あるいはクロマチン)は、単なるDNAとヒストンの複合体であるだけではなく、細胞核の中で比較的整った立体構造を有し、決まった配置をとっているらしいということが、最近になってわかってきた。糸をむちゃくちゃに折りたたんで、バスケットボールの中に無理やり詰め込んだような状態では決してないということだ。

もしそのような状態だったなら、トランスポゾンはかえって動きやすいだろうし、動いてもわからないかもしれない。しかし、秩序だった構造をしていることで、トランスポゾンが動き、別の場所に挿入されると、おそらくその周囲のゲノムの配置は多少なりとも変化するはずだから、ある程度、こうした挿入に対して立体的な障壁が存在する可能性がある。そのため、いつもいつも簡単に動けるわけではなく、動いた結果、ゲノム全体にとってさまざまな面で支障が存在しない場合にのみ、その細胞は次世代をつくることに成功するのだろう。

「動き」を抑制するメカニズム

そもそも、トランスポザーゼによるトランスポゾンの切り出しそのものが、常時おこなわれているわけではないと思われる。なにしろヒトゲノムの場合、四割以上がトランスポゾン（DNAトランスポゾンとレトロトランスポゾン）であると考えられているくらいだから（43ページ図1－14参照）、もしこれらすべてがいつも動き回っていたら、僕たちのゲノムはズタボロになってしまうはずだ。したがって、ほとんどのトランスポゾンは、むしろ〈カット＆ペースト〉しないよう制御されていると考えられる。

たとえば、遺伝子発現の調節に関わっている反応に、「DNAのメチル化」という化学修飾反応がある。DNAのメチル化は、遺伝子の発現を抑制する場合に起こる反応で、第5章末尾の「コラム」で紹介した「エピジェネティクス」の一つである。

「メチルトランスフェラーゼ」という酵素がDNAのある特定の場所にある塩基C（シトシン）にメチル基をつけ、メチル化シトシンが生じると、そのメチル化シトシン（要するにメチル化DNA）を認識するタンパク質がやってきて結合する。すると、それをきっかけに他にもたくさんのタンパク質が集まってきて、メチル化シトシンの周囲のDNAを巻き込み、その部分がギュッと凝縮されてしまう。その結果、そこにある遺伝子は発現できなくなるのである。

同様のことがトランスポゾンに対しても起こっているため、トランスポゾンの「動き」が抑制されるというわけだ。

しかし、まれに生殖細胞でトランスポゾンが「動く」ことがある。それが生殖細胞のゲノム内で移動した結果、トランスポゾンの〈跡地〉や新たに挿入された部分では、塩基配列が親とは異なることになる。その生殖細胞が受精によって受精卵を生じると、塩基配列が部分的に異なるゲノムが、次世代へと遺伝するのである。

「お菓子の家」とトランスポゾン

DNAとゲノム、そしてトランスポゾンの関係について、「お菓子の家」を例に考えてみよう。

一口に「チョコレート」といっても、ビターチョコレートにミルクチョコレート、生チョコレートに抹茶チョコレート、イチゴチョコレートなどなど、さまざまな種類がある。これら多彩なチョコレートがモザイク状に、すなわちランダムに配列されてつくられた「お菓子の家」があったとしよう。自分の好きなチョコレートだけを、たとえば生チョコレートだけを黙々と食べつづけていくと、お菓子の家全体のバランスが崩れてしまうことは容易に想像がつく。

こんどは、あるふしぎな〈お菓子の家〉について考えてみよう。このお菓子の家は面白いことに、たとえば生チョコレートだけが食べ尽くされてしまうと、ほかの部分のチョコレートが、生チョコレートが消費されて空いた部分に移動して、家全体を組み直す機能を備えている。つまり「修復」してしまう。たとえ偏ってチョコレートが消費されたとしても、全体としてはきちんと恒常性を保つことができる。そんな家である。

そう、この〈お菓子の家〉は僕たちのもつDNAの全体＝「ゲノム」の喩えである。ゲノムは、小さな傷なら修復のしくみによって直されるし、最初は「エラー」だの「スリップ」だのと悪口をいわれたダメージも、長い時間をかけて自分の一部にしてしまう柔軟性がある。

その柔軟性ゆえに、食べられるだけでなく、屋根の一部の生チョコレートが壁にいきなりピョンッと飛び移ったり、窓をつくっていたミルクチョコレートがいきなり煙突の一部になったり、

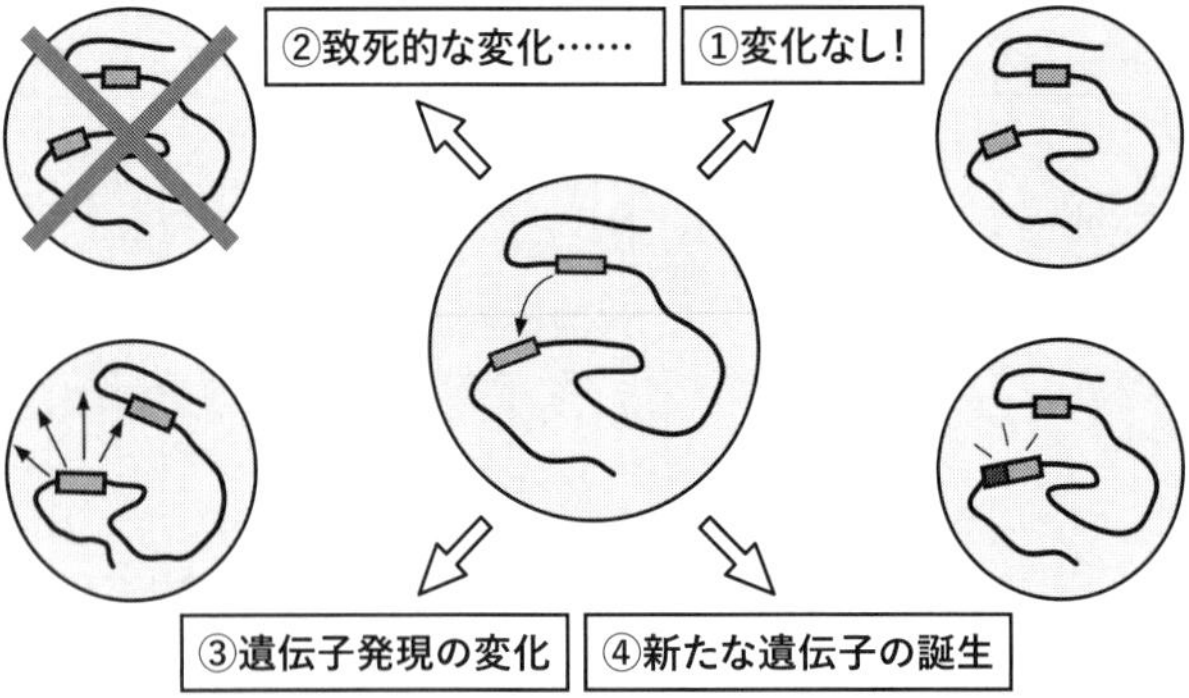

図6-4 動いた帰結としての4つの状態

といったことも起こりうる。それがトランスポゾンである。

トランスポゾンが「動く」生物学的な意義

それでは、トランスポゾンがゲノム内を「動く」ことに、いったいどのような生物学的意義があるのだろうか。彼らが駆使する〈カット&ペースト〉の意味について考えてみよう。

ある一定の長さのDNAが切り出され、他の場所に移ってしまうことは、そのDNAをもつ生物にどんな影響を及ぼしうるか。その意味するところ、帰結として想定されるのは、次の四つの状態だろう(図6-4)。

①何も変わらない。
②致死的となる。
③遺伝子発現が変化する。
④新たな遺伝子ができる。

まず、①の「何も変わらない」というのは、専門的にいえば「なんらの表現型の変化ももたらさない」ということである。たとえば、機能がなにも備わっていない（あるのはトランスポザーゼとしてのはたらきだけという）DNAトランスポゾンが切り出され、ちょいと離れたところにある、これまたなんの機能も発揮していないDNAの部分に入り込んだとしても、おそらく表面的には何も起こらない。

ただし、「なんの機能も発揮していないDNA」がほんとうに存在するのかどうかは、現時点ではわかっていない。タンパク質をコードするエキソン以外のDNAは「非コード領域」にあり、「ノン・コーディングDNA」といわれるが、ここにもさまざまな塩基配列があり、多くの場合「ノン・コーディングRNA」が発現している部分や、役割がはっきりしていない部分があるからだ。

現在は「なんの機能も発揮していない」ように見えても、じつは未知のはたらきを担っている可能性はある。

「致死的となる」場合

次に、②の「致死的となる」は、DNAトランスポゾンが切り出され、移動した先がきわめて重要なはたらきをもつ遺伝子の内部だったたというような場合である。たとえば、DNAポリメラーゼのような必須酵素の遺伝子の内部だったりするケースだ。

もしDNAポリメラーゼ遺伝子を分断するような位置にトランスポゾンが挿入されると、DNAポリメラーゼ遺伝子は不活性化され、DNAが複製されなくなるから、致死的となるのは不可避な状況である。

これとは別に、先述のように、トランスポゾンが挿入されることで細胞核内のクロマチンの立体配置がおかしくなり、遺伝子発現が正常に起こらずに致死的となる場合もあるだろう。ただ、もしかしたらこういった事態もトランスポゾンやクロマチンにとっては「想定内」で、そうした〈前提〉のもとで、そもそも立体配置ができ上がっているのかもしれないが。

「遺伝子発現が変化する」場合

③の「遺伝子発現が変化する」については、その一部が②に含まれることもありそうだ。ここでは、致死的ではないけれども、DNAトランスポゾンが遺伝子発現を調節する塩基配列の近くなどに〈ペースト〉されてしまった場合、その遺伝子の発現が亢進したり、抑制されたりするといったケースが想定される。

たとえば、あるDNAトランスポゾンが切り出され、挿入された先が、バリバリ転写されて発現しているある遺伝子の「エンハンサー」につながれてしまった場合はどうだろう。エンハンサーとは、ある遺伝子の発現をコントロールする塩基配列のことで、エンハンサーとプロモーター（RNAポリメラーゼが結合する部分）との立体的な相互作用が、その遺伝子の発現を促進する。ここにトランスポゾンという余計な塩基配列が入り込むと、遺伝子発現になんらかの影響が出るはずだ。

切り出されたDNAトランスポゾンが、あるバリバリと発現している遺伝子の「プロモーター」の下位につながれてしまったとすると、その〈バリバリ遺伝子〉は発現しなくなるが、その代わりに、つながれたトランスポゾン自体が活性化し、遺伝子として機能しはじめる、という場合もあるだろう。そうなるともはや、なにが起こるか想像がつかない。

ゲノムの撹乱

これに関連する④の「新たな遺伝子ができる」は、たとえばDNAトランスポゾンの中に偶然、タンパク質をコードする遺伝子の塩基配列が入っている場合である。

マクリントックが発見したときにも、トウモロコシの色素であるアントシアニン遺伝子や、トウモロコシの胚乳を黄色にする遺伝子がトランスポゾンの中に含まれていたことから、その粒色パターンの変化が表に現れ、マクリントックにそれと気づかれたという経緯がある。

あるバクテリアでは、薬剤耐性遺伝子などがDNAトランスポゾン（そもそも、バクテリアがもっている環状DNAであるプラスミドは、それ自体がDNAトランスポゾンだともいえる）に含まれることが知られている。ショウジョウバエなどでは、P因子とよばれるDNAトランスポゾンがあって、それにはある種の抑制タンパク質の遺伝子が含まれている。このショウジョウバエのトランスポゾンの場合、生殖細胞でのみトランスポザーゼが活性化するらしく、それが発現すると、生殖細胞のゲノムでP因子が〈カット＆ペースト〉され、P因子が動き回り、ゲノムが不安定となって不妊につながるらしい。

そうなのだ。

生物というのは、想像もつかないことではあるが、〈カット＆ペースト〉によるゲノムの撹乱《かくらん》（誇張した表現だが、局所的に見ればまぎれもなく撹乱だ）が数えきれない頻度で起こっているのである。ゲノムの局所的な撹乱が無数に起こって、起こって、起こって……、その結果として、さまざまに進化してきたのだともいえる。

生物が進化できる理由

もちろん、いま述べたことは可能性のごく一部にすぎず、ほかにもいろいろなパターンが考えられるはずである。さらに多様で、想像もつかないことが起こり、遺伝子の発現パターンが変化する。遺伝子そのものも変化する……。

それが鎖のようにつながって、細胞は――そして生物は、進化することができ、実際にそうして進化してきたのである。

DNAトランスポゾンたちはもちろん、「意図」して動いているわけではない。「自分ら、動いてどないすんねん」と問われたら、トランスポゾンはおそらく「知らんがな。動けるもんはしゃあないわ」と答えることだろう。

DNAトランスポゾンは、おそらく彼ら自身も知らないうちに、その生物のゲノムの構造や遺伝子の発現のあり方、ひいてはその表現型に大きな影響をもたらしてきたのである。

生物は「コピペ」の世界

僕が大学生や大学院生だった頃の「先生」、すなわち大学教授には「威厳」というものがあった。学生に親しまれていた教授もいたが、怖がられていた教授もいた。一方で、一応これも大学教授である僕を、自分自身で第三者の目から俯瞰してみると、嘆かわしいことに、どう考えても当時の教授たちのような威厳が備わっているとは思えない。かつての恩師が今の僕の体たらくを見れば、「武村君、それありえねえ！」と叱責される可能性大だ。

どうしてこんな話をしているのか。「ありえねえ！」といえば、「RNA（あーるえぬえー）」だからである（スミマセン）。

「コピペをしてはならない」とは、最近の学生に対してよくいう〝お決まりのセリフ〟の一つなのだけれど、この〈コピー&ペースト〉という行為が、じつは生物のもつ普遍的な特徴だったというと、日々のレポート作成にヒイヒイいって勤しんでいる学生諸君はどう思うだろう。

〈カット&ペースト〉でゲノム内を移動するのがDNAトランスポゾンだとしたら、〈コピー&ペースト〉で移動する(「コピーを増やす」といったほうが正確である)のが「レトロトランスポゾン」である。

そう、レトロトランスポゾンのふるまいは、RNAを仲介にしてゲノム内でそのコピーを増やす、まるで〈コピー&ペースト〉そのものなのだ。RNAは、単位取得を目指す学生にとっては〈ありえねえ〉ほど、じつに僕たち生物の〈コピペ〉を手助けしているのである。

「レトロトランスポゾン」とは何者か

レトロトランスポゾンとは、いったい何者であろう?

あるレトロトランスポゾンは、タンパク質をコードしているわけではない。あるレトロトランスポゾンは、自分が動き回るために必要なタンパク質、すなわち「逆転写酵素」や「トランスポザーゼ」(「インテグラーゼ」ともいう)だけをコードしている。

RNAを転写し、飛び出させ、そこからまた、自分がコードしてつくり出した逆転写酵素を

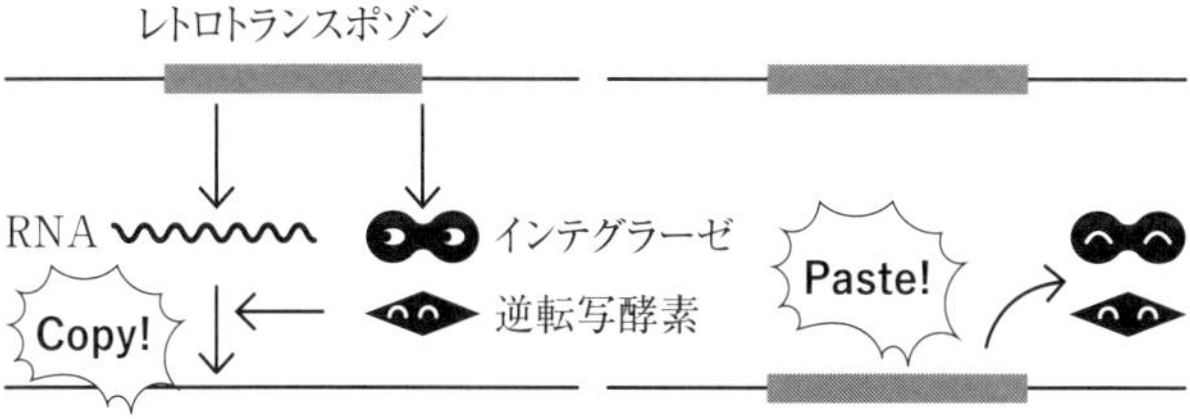

図6-5 レトロトランスポゾンとコピー＆ペースト

使ってDNAを逆転写し、ゲノムに忍び込む。つまり、DNAをまずRNAに〈コピー〉し、それをゲノムのどこかに逆転写したDNAとして〈ペースト〉する。こうして〈コピー＆ペースト〉を繰り返し、ゲノムの中でどんどん増えていく（図6－5）。

DNAトランスポゾンは動くだけで増えないが、レトロトランスポゾンは増えるのである。

一般の生物からすると、レトロトランスポゾンは「まったくワケのわからない」存在だろう。見ようによっては、生物のゲノムの中に巣食う寄生虫、いや「ウイルス」のような存在に見えなくもない。あくまでも「生物からすると」ワケのわからない存在だが、裏を返せば、生物とは異なる立場からレトロトランスポゾンのことを眺めると、その真実をあぶり出すことができるかもしれない。

「染色体重複」と「ゲノム重複」

生物のもつ普遍的な特徴である「コピペ」の代表的な例は、「重複」とよばれる現象だろう。重複は、突然変異の一つでもある。

まず「染色体重複」は、細胞が分裂する際に、二本ある染色体が二つの細胞にうまく引き継がれずに、一方の細胞のみに引き継がれてしまうときに生じるものだ。たいていの場合、生じたその時点では、その染色体があたかも「コピペ」されてしまったかのように見える。染色体全体がコピーされて、そこに「ぺっ」と残された状態、ということである。

他方、「ゲノム重複」は、ゲノム全体が「ぺっ」と残された状態だ。ゲノム、すなわち全DNAが複製されたはずなのに、肝腎の細胞分裂が起こらず、一個の細胞中にゲノムが二つ（二倍体の場合は四つ）存在するようになった状態である。

このような場合、たいていその細胞は致死的となるが、たまにそのまま生き延びるものも出てくる。こうしてゲノムのコピペがそのまま残ることでゲノム全体が二倍に増え、新たな生物へと進化するきっかけになる（図6－6）。

こうした例は、互いの生物や、染色体間での塩基配列がよく似ている遺伝子を比較解析することで、多くの生物が進化する過程において、かなりの頻度で起こっていたと考えられるようになってきた。ヒトゲノムにつながる系統においても、数億年前に一度、ゲノム重複が起こったと推測されている。

生物学における「レトロ」

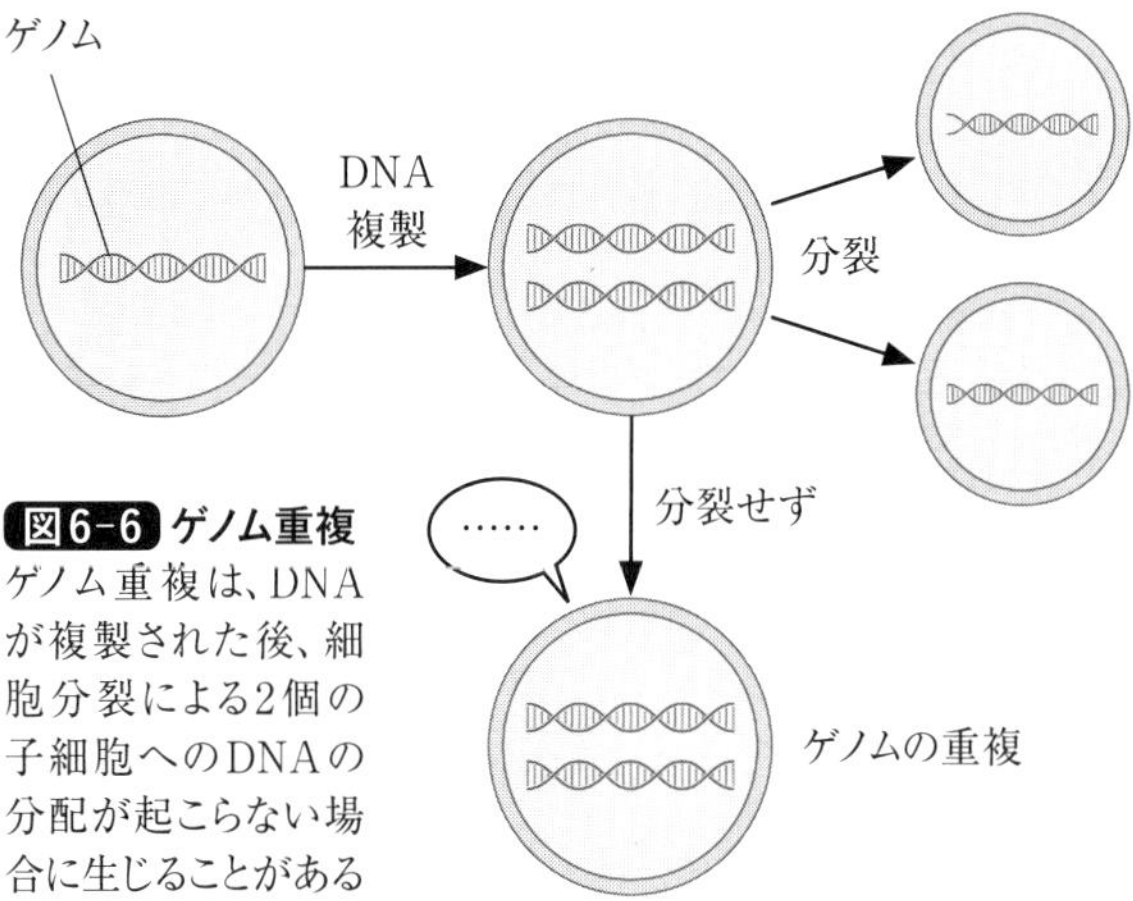

図6-6 ゲノム重複
ゲノム重複は、DNAが複製された後、細胞分裂による2個の子細胞へのDNAの分配が起こらない場合に生じることがある

生物のゲノムは、じつに〈コピペ〉そのものでできているといっても過言ではない。

これは、ゲノムの本体であるDNAに「複製することができる」という〈最強の〉性質が備わっているがゆえである。DNAがきわめて柔軟で、ひんぱんに「組換え」を起こしたり「複製スリップ」を起こしたりする性質をもつことも要因の一つだろうが、重複の原因は、レトロトランスポゾンという〈最もコピペらしいコピペ〉をおこなう連中とその根は同じで、むしろその本質を体現しているものであるともいえる。

〈コピー&ペースト〉で動き回るレトロトランスポゾンの実態と生物学的意味を考えてみよう。

「レトロ」と聞くと、たいていの人は「懐古趣味」のことだと思うかもしれない。僕も五〇歳を過ぎてから、過ぎ去りし昭和の日々を懐かしむことが増えている。

しかし、生物学における「レトロ」はそういう意味ではない。「逆転写」という意味だ。RNAからDNAを逆転写することによってつくる現象であり、それを司る逆転写酵素は、「レトロウイルス」とよばれるウイルスの研究から見つかったものである。

第1章で述べたように、遺伝子の本体としてDNAをもっている僕たち生物は通常、タンパク質の情報（アミノ酸配列の情報）をDNAの塩基配列としてもっている。したがって、タンパク質の情報を取り出すには、まずDNAからメッセンジャーRNAへ「転写」して、そのメッセンジャーRNAをタンパク質合成装置であるリボソームに結合させ、アミノ酸配列へと「翻訳」する必要がある。

しかし、レトロウイルスというウイルスは、遺伝子の本体としてDNAではなくRNAをもっている。宿主の細胞に感染すると、そのRNAからDNAを「逆転写」し、DNAトランスポゾンがトランスポザーゼを使ってそうするように、そのDNAを宿主のゲノムに挿入してしまうのである。この、逆転写をおこなうための酵素が「逆転写酵素」であり、DNAを宿主のゲノムに挿入するための酵素が「インテグラーゼ」である。レトロウイルスはこれらを、自らのゲノムにコードしている。

一休みするレトロウイルス

〈一休み〉するか、〈永遠の眠り〉につくか

レトロウイルスのRNAゲノムには、逆転写酵素以外にも、ウイルス粒子をつくるためのカプシドタンパク質遺伝子やエンベロープタンパク質遺伝子、感染した細胞内でゲノムを複製するためのポリメラーゼ遺伝子などの複数の遺伝子が存在している。そのため、逆転写酵素によってRNAゲノムがDNAになり、宿主のゲノムに挿入されてしまっても、一定時間が経つと、そこからふたたびRNAゲノムが「転写」され、カプシドタンパク質などが「翻訳」されてつくられ、RNAゲノムが「複製」され、やがて子ども粒子をつくって細胞の外へ飛び出していくことになる。

いわばレトロウイルスは、宿主の細胞に感染した後、そのゲノムの中で〈一休み〉して、休憩後にあらためて飛び出すという方法で増えていく連中なのである。

ところが、そうした連中のなかには、〈一休み〉どころか〈永遠の眠り〉についてしまうものもいたりする。そこが、レトロウイルスの面白いところなのである。

レトロトランスポゾンはどう生まれたか

僕くらいの年齢になると、そろそろ「死」というものを意識することが多くなってくる。毎夜、ベッドに入るたびに、「眠ったまま死んでしまったらどうしよう」と考えたりするのである。眠ったまま死んでしまったら、その事実さえもはやわからなくなるわけだから、どうということもないといえばそうなのだが、今はまだそうした事実がありうるということを「知っている」わけで、そこに恐怖感というものが生まれてくる素地がある。その点、レトロウイルスには恐怖感を司る脳神経がないから、とてもうらやましい。

では、〈永遠の眠り〉についたレトロウイルスには、なにが起こっているのか。

レトロウイルスが、自らのDNAを宿主のゲノムに挿入したまま〈眠りについた〉状態を「プロウイルス」というが、これがふたたび〈起き出す〉前に、そのDNAに突然変異が生じてしまうと、起きることができなくなってしまう場合がある。

最も重篤なのは、プロウイルスの中にある「粒子をつくるための遺伝子」、正確にいえばカプ

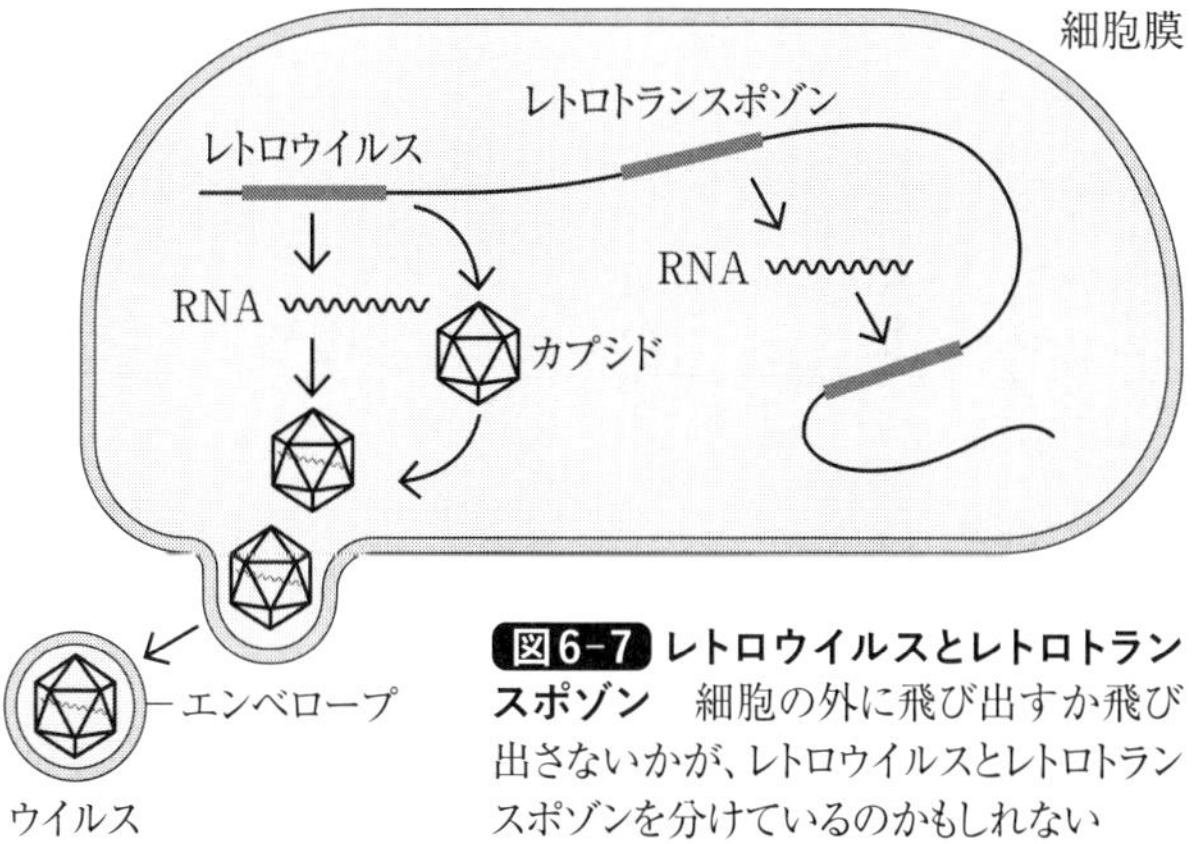

図6-7 レトロウイルスとレトロトランスポゾン　細胞の外に飛び出すか飛び出さないかが、レトロウイルスとレトロトランスポゾンを分けているのかもしれない

シドタンパク質遺伝子や、エンベロープに埋め込まれる大切な遺伝子（「env遺伝子」という）に変異が入ってしまったり、発現しなくなってしまったりして、機能を果たせなくなってしまう場合である。そうなると、プロウイルスは永久にウイルス粒子として細胞の外に飛び出せなくなり、宿主のゲノムにとどまりつづけることを余儀なくされる。

一方、宿主細胞のほうは、自身の内部でウイルス粒子の生産がおこなわれずにすむので、元気なまま、生を謳歌することができる。

こうして生物のゲノム内にとどまり、逆転写機能だけを保持したまま、連綿と生物から生物へと引き継がれるようになったDNA――。これこそが、「レトロトランスポゾン」の正体なのだと考えられている（図6－7）。

レトロトランスポゾンは、宿主の中で〈永遠の眠り〉についたものなので、レトロウイルスとは違って、ウイルス粒子を形成して細胞外へ飛び出すことはできない。その代わりに、宿主の転写装置を使って自らの「ゲノム」であるRNAを生産し、そのRNAを自らの逆転写酵素を利用して、宿主ゲノムのほかの部分に入り込ませるDNAをつくるようになったものなのだろう。

繰り返しになるが、レトロトランスポゾンのライフサイクルは、宿主である細胞のゲノムに組み込まれた自らのDNAを〈コピー〉してRNAをつくり、そのRNAから逆転写によってDNA（この場合は、むしろDNAがRNAの〈コピー〉だ）をつくって、宿主ゲノムのほかの場所に〈ペースト〉する、というものである。したがってレトロトランスポゾンは、レトロウイルスと同じく、RNAからDNAをつくる逆転写酵素遺伝子と、そのDNAをゲノムのほかの場所に組み込むための「トランスポザーゼ（インテグラーゼ）」遺伝子をもっていることが多い。

しかし、なかにはそれらの遺伝子をもたないものもある。

「LTR型」レトロトランスポゾン

今の子どもたちに人気の「ベイブレード」と、昔ながらの「べい独楽《ごま》（ベーゴマ）」とは、その根本原理が共通している。それと同様に、メカニズムが単純であれば、そのメカニズムをどう駆使するのかについて多様性が生まれ、駆使するものの種類が増えるのは当然のことである。

レトロトランスポゾン自体は、あくまでDNAである。それがRNAを介して自身の〈コピー〉をつくり、別の場所へと〈ペースト〉される。このメカニズムも非常に単純で、わかりやすい。したがって、このような単純な性質をもつDNAにさまざまな要素が付け加わって、各種のレトロトランスポゾンが生じてくるのもまた、当然のことである。

レトロトランスポゾンには現在、「LTR型レトロトランスポゾン」と「非LTR型レトロトランスポゾン」という二つの種類があり、後者はさらに「LINE」と「SINE」に分けられている。

LTRは「ロング・ターミナル・リピート（long terminal repeat）」の略で、長い「繰り返し配列」を意味している。「LTR型レトロトランスポゾン」は、レトロトランスポゾンの両端に、比較的長い繰り返し配列が存在するというものである。

LTRは、もともとレトロウイルスがもっている繰り返し配列で、レトロウイルスのRNAから逆転写されたDNAが宿主ゲノムに挿入される際に、挿入を触媒するインテグラーゼによって認識され、挿入されるのに用いられるものだ（図6－8）。

つまり、LTR型レトロトランスポゾンは、すべてがそうであるという確証はないものの、かつてLTRをもつレトロウイルスだったものが、〈永遠の眠りについた〉ものであると考えることができる。この、〈永遠の眠りについた〉現象は、155ページで述べたとおり「内在化」とよば

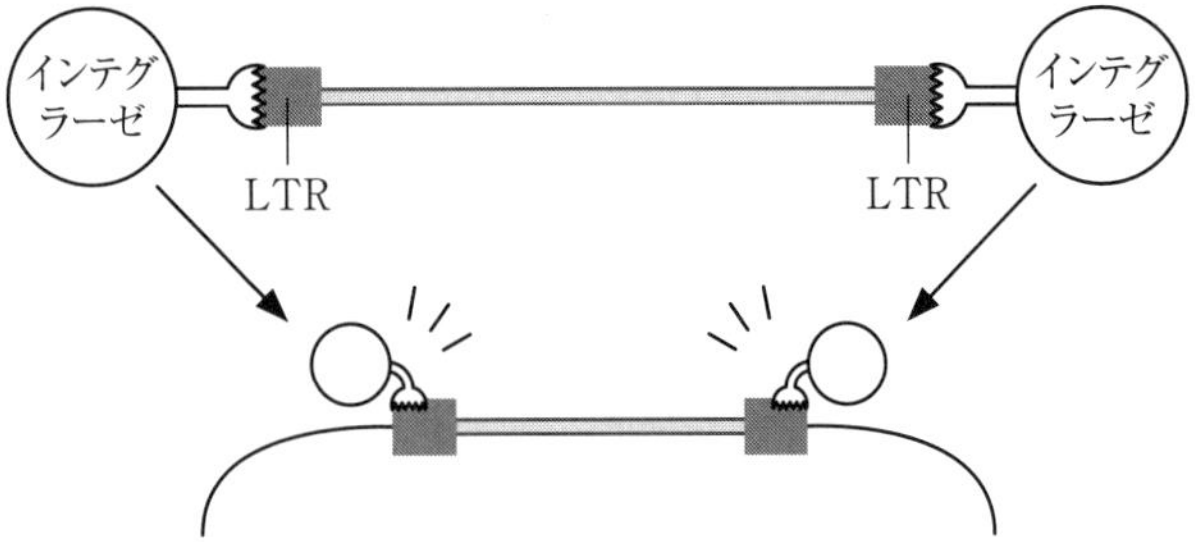

図6-8 LTR型レトロトランスポゾンとインテグラーゼ

れている。

一方において、レトロウイルスのほうが「LTR型レトロトランスポゾンに由来する」とする考え方もある。もともと「LTR型レトロトランスポゾン」だったものが、細胞の外へと飛び出すしくみを獲得したものがレトロウイルスになったという説だ。

レトロウイルスやLTR型レトロトランスポゾンの起源については、じつはまだよくわかっていないのである。

LINE

他方、LTRをもたない「非LTR型レトロトランスポゾン」の起源は、さらによくわかっていないが、面白いことに、ヒトゲノム中で最も多いトランスポゾンであることはよく知られている。

そのうち「LINE」(スマホでみんなが使っているアレではない!)は、「長鎖散在反復配列(long interspersed nuclear elements)」の略で、その名のとおり、ゲノムのいたるところに散在している。数千塩基対程度と、平均的な遺伝子と同じくらいの長さをもつ非LTR型レトロトランスポゾンだ。LINEの多くは、逆転写酵素やインテグラーゼなどをコードしていて、そのはたらきによってゲノム内で〈コピペ〉される。

ヒトゲノムの二〇パーセントはLINEだといわれているが、なかでも六五〇〇塩基対ほどの長さをもつ「L1配列」とよばれるLINEは、ヒトゲノム全体のじつに一七パーセントを占めるという。驚き入った占有率である。日本人がLINE好きになるのも無理はない……、という話はまあいいとして、L1配列は多くの遺伝子の「イントロン」に見出されているため、遺伝子の発現調節になんらかの役割を果たしていると考えられている。

SINE

一方、SINEというものもある。

こちらは、おそらく多くの読者諸賢が推察されているように、LINEの「長い（ロング）」に対し、「短い（ショート）」のSを頭に冠している。正確には「短鎖散在反復配列（short interspersed nuclear elements)」のことで、それ自身は数百塩基対程度と短く、遺伝子をコードできるほど長くないため、LINEのように逆転写酵素をコードしているということはない。

そのため、SINEが〈コピペ〉されるためには、LINEがコードしている逆転写酵素を使わざるをえない。それだけなら、SINEはまるでLINEの〈付属物〉のように思えてしまうが、ヒトゲノムの一三パーセントは、じつにこのSINEによって占められているから、これはとても〈付属物〉の占有率ではないだろう。

SINEのうち、僕たちヒトゲノムに最も大量に存在するのは「Alu配列」とよばれる三〇〇塩基対程度の長さの非LTR型レトロトランスポゾンである。そのコピー数たるや、なんと一〇〇万にも及び、ゲノム全体の九・三パーセントに達する。僕たちヒトをヒトたらしめているゲノムの、およそ一割が「Alu配列」なのだ。

この事実は、なんらかの機能が「Alu配列」、ひいてはSINEに存在することを示唆していて、実際、この配列からはRNAが転写されていることがわかっている。だが、そのRNAがいったいなにをしているのか、詳しいことはわかっていない。

第7章 渡り歩くDNA

章の冒頭から尾籠《びろう》な話で恐縮だが、道を歩きながらツバを吐く人たちを見かけることがある。ツバだけならまだしも、「カーッ、ペッ！」とばかりに痰まで吐き出す人もいる。

じつにキモイ話で申し訳ないが、ここで重要なのは、そうして吐き出された唾液なり痰なりの中には、その人の遺伝情報であるＤＮＡが、ものすごく大量に含まれているということだ。ツバや痰を吐いた人のすぐ後ろに、もしも怪しい人間がいて、サンプリング用のスポイトとサンプル瓶をもっていたとしたら、今の技術であれば、「カーッ、ペッ！」とやった瞬間に「へっへっへ」

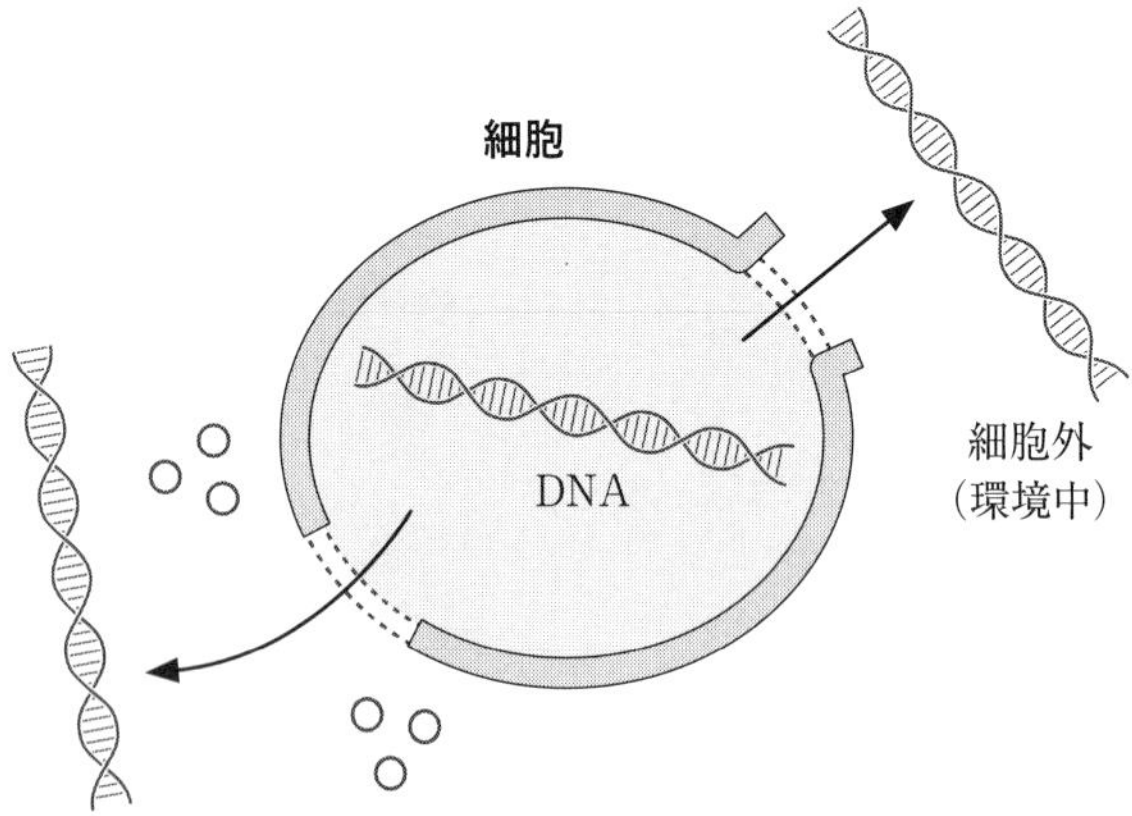

図7-1 簡単に放り出されるDNA

などと悪い表情を浮かべながらそれらをサンプリングし、吐き出した人の遺伝情報を簡単にゲットしてしまうことだろう。

それはすなわち、「究極の個人情報」となる。

「放り出される」DNA

ツバや痰に限らず、汗や涙、呼気中の水分やその他の排泄物など、人間はつねに、なんらかの液状成分を体外に放出している。また、皮膚の表面からは古くなった表皮細胞がつねにはがれつづけており、それらの中にはほぼ確実に、その人の細胞とDNAが含まれている。

体外に飛び出した細胞は壊れやすいから、細胞中のDNAは細胞外の環境中に、いとも簡単に放り出される(図7-1)。

つまり、僕たちが今いるこの環境中には、細胞の中にあるＤＮＡ以外のＤＮＡが、じつに大量に存在しているということである。生物の設計図としては意外に思われるかもしれないが、じつは細胞の「外」にも、大量のＤＮＡが存在しているのだ。

遺伝子の本体という「二つ名」をもつとはいえ、ＤＮＡはあくまでも一つの物質にすぎない。外部環境から守られた細胞という閉鎖空間の外側に出てしまうと、それはこの物質にとって、おそらくは強烈に過酷な環境となる。いくら安定的なＤＮＡでも、細胞外の環境では、かなりの分解圧力にさらされていることだろう。

だとすれば、いったいなぜ、そしてどのような経緯で、そんなところにＤＮＡは存在するようになったのか。そしてそれは、ＤＮＡが〈好き好んで〉存在している状態なのか。

「カーッ、ペッ！」のようなＤＮＡの外界への放出メカニズムを主流とするなら、そして、ＤＮＡの本来の存在場所が細胞の中（真核生物では細胞核の中）であるのなら、細胞外のＤＮＡは〈仕方なく〉そこに存在しているようにも思えるが、果たしてほんとうにそうなのか。

細胞外に放り出されたＤＮＡの運命を探ってみよう。

〈見捨てられた〉ＤＮＡ

「細胞の外に存在している」ということは、別の見方をすれば、そのＤＮＡは、もはや「遺伝子としてははたらいていない」ことを意味している。

前章の議論でも見たように、もしかしたらDNAは、決してひとところ——たとえば、生物の細胞の中——にとどまって、遺伝子然として「あれせえ、これせえ」と指令を出すだけの存在ではないのかもしれない。もっとせっせと動き回って、しかもそれは、トランスポゾンのように細胞中やゲノム中だけではなく、細胞外の世界にも及ぶもので、それどころか、その行動範囲はじつに全地球的に広がっている——そんな可能性すら秘めている物質なのかもしれない。

放り出されたDNAとして最も有名なものの一つが、「ミトコンドリアDNA」だろう。いやむしろ、あえて言い過ぎを承知でいえば、ミトコンドリアDNAは、放り出されたうえに〈見捨てられた〉存在であるようにも思える。

ミトコンドリアは、高校の生物教科書にも掲載されている、「細胞内共生説」の主役として有名な真核生物の細胞小器官である。細胞小器官としてのミトコンドリアの〈本務〉は、呼吸を司り、エネルギー物質である「ATP（アデノシン三リン酸）」をつくることだが、その正体は、かつて真核生物が誕生した際に、〝外部〟から入り込んできた「好気性バクテリア」だ。

それが真核生物の祖先の細胞（嫌気性の細胞。アーキアの一種）と共生関係を結んだ結果、ミトコンドリアへと進化したものであると考えられている（図7-2）。

かつてのミトコンドリアは、好気性バクテリアだった時代のDNAを保持していたはずである。そして現在のミトコンドリアも、その〈痕跡〉のようなDNAをもっていることが知られている。

消えた遺伝子はどこへ?

〈痕跡〉とはどういう意味か?

今のミトコンドリアは、たとえば真核生物の中から取り出して培養しても、もはや自立して増えることはできない状態になっている。なぜなら、ミトコンドリアのDNAはすでに、いくつかの重要な遺伝子を〈失ってしまっている〉からだ。「〈痕跡〉のようなDNAをもっている」とは、そういう意味だ。

実際、ミトコンドリアのゲノムは一万塩基対前後であり、コードしている遺伝子の数も一〇個程度であることが多い。これは、バクテリアの遺伝子の数に比べてもきわめて少ない。彼らはたいてい、一〇〇〇個くらいの遺伝子をもっているからだ。

つまりは、ミトコンドリアのゲノムDNAが、進化の過程でずいぶん小さくなってきたことがよくわかるのだ。小さくなった理由は、多くの遺伝子が〈どこかに消えた〉からである。

そんな〈どこかに消えた〉遺伝子の代表格が、ミトコンドリア(の祖先)が自らのDNAを複製するために用いていたDNAポリメラーゼ遺伝子だ。現在のミトコンドリアのゲノムDNAに

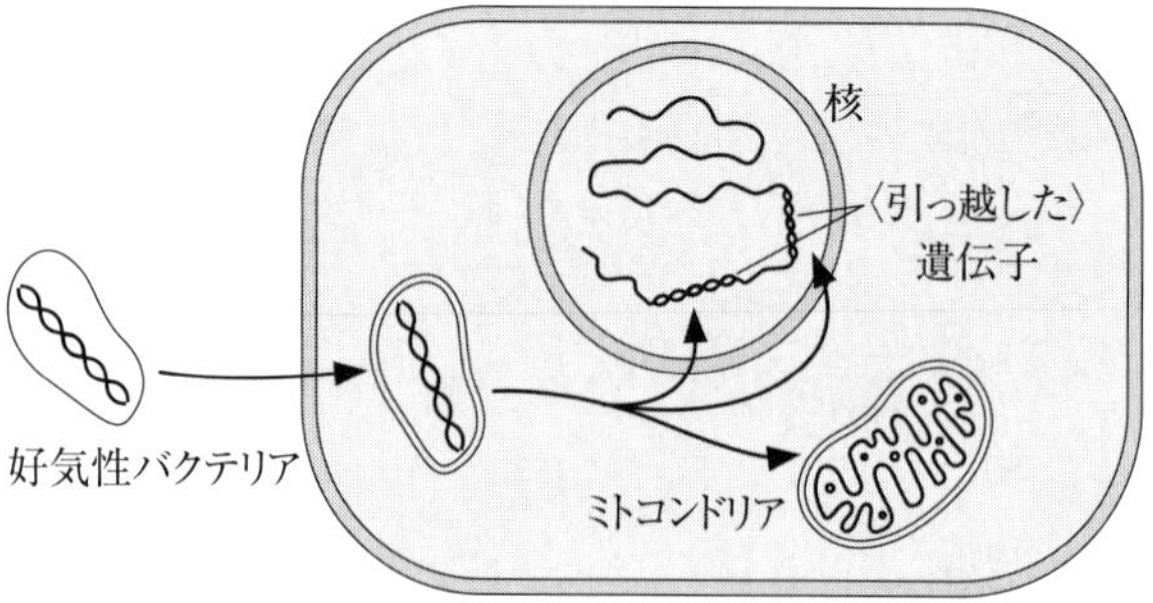

図7-2 ミトコンドリアの進化と「消えた」遺伝子 僕たちの祖先細胞に共生した好気性バクテリアの遺伝子のうち、多くが祖先細胞のゲノムに〈引っ越し〉、〈引っ越さなかった〉遺伝子はミトコンドリアDNAに残った

は、すでにこの遺伝子は存在しない。DNAポリメラーゼがなければDNAの複製ができないから、ミトコンドリアは、単独では増殖できないということになる。

ならば、この重要な遺伝子は、いったい〈どこに消えた〉のか？ 答えは細胞核である。

ミトコンドリアがかつて好気性バクテリアだった時代に、彼らのゲノムにコードされていた遺伝子のほとんどは、じつは共生先の細胞の、今でいう細胞核のDNAに〈引っ越し〉てしまったのである。誤解を恐れずにいうなら、現在のミトコンドリアDNAは、共生先の細胞核中のDNAに〈引っ越し〉た他の重要な遺伝子たちから〈見捨てられた〉のだ（図7－2）。

繁栄をもたらした「共存・共栄関係」

〈引っ越し〉た重要な遺伝子たちのうち、かつてミトコンドリアDNAがもっていたDNAポリメラーゼは現在、細胞核のゲノムにコードされている「DNAポリメラーゼγ」という遺伝子になっている。この遺伝子は、たとえ〈引っ越し〉たとはいえ、ミトコンドリアとの〝縁〟は切れておらず、〝宿主〟のリボソームでつくられたDNAポリメラーゼγは相変わらず、〈古巣〉であるミトコンドリアに〈出張〉し、そこでミトコンドリアDNAを複製している。

過度に擬人的に考えるのはよくないが、この事実について、ミトコンドリアの側がウイルスのように〈ミニマリスト化〉するようにはたらいて、多くの遺伝子を細胞核に〈ゆだねた〉というふうに考えることもできるし、逆に細胞核の側がミトコンドリアの遺伝子を〈人質〉にとって、ミトコンドリアが〈反乱を起こさないように〉した、と考えることもできる。そういう意味では、今のミトコンドリアDNAは決して、ほんとうに〈見捨てられた〉わけではない。

細胞核とミトコンドリアのような共存・共栄関係を築くことに成功したものが現在まで生き残り、真核生物として繁栄しているのである。生物どうしの戦略として、自らのDNAを「動かす」というのは、古来、生物の得意分野だったのだろう。

その「動く」過程において、DNAが細胞の外で〈一休みしている〉場合も往々にしてあるらしい、ということも最近になってわかってきた。

細胞外DNAと環境DNA

DNAが細胞の「外」に存在しているというこの奇怪な話は、いくら「遺伝子の本体」だからといって、DNAがつねに「遺伝子としてはたらいている」わけではないことを示している。

そもそもこれは、「サンタクロースは繁忙期のクリスマスシーズン以外、いったいどこで何をしているのか」とか、「大学の先生って夏休みが長くていいですね」「いやいや、その間はだいたい研究してますし、そもそも事務的な雑用はたくさんありますから」といった不毛なやり取りと、まったく同じ次元の話である。

つまり、「細胞の中にあってこそのDNAだ」という従来の常識は、今や少しずつ壊されつつあるのだ。別の言い方をすれば、あるサンプルの中にDNAが検出されたとしても、必ずしもそのサンプル中に「生きた生物」がいるとは限らない、ということでもある。

ここに、「細胞外DNA」という概念が登場する。

細胞外DNAというのは、その名のとおり「細胞の外にあるDNA」という意味である。それと同時に、この場合の「細胞」は、主として微生物、特に単細胞生物の細胞のことを指しており、したがって「生物の体の外にあるDNA」という意味でもある。僕たち人間の血液中（これも「細胞の外」だ）にもDNAはたくさん存在しているが、それらは通常、細胞外DNAとはい

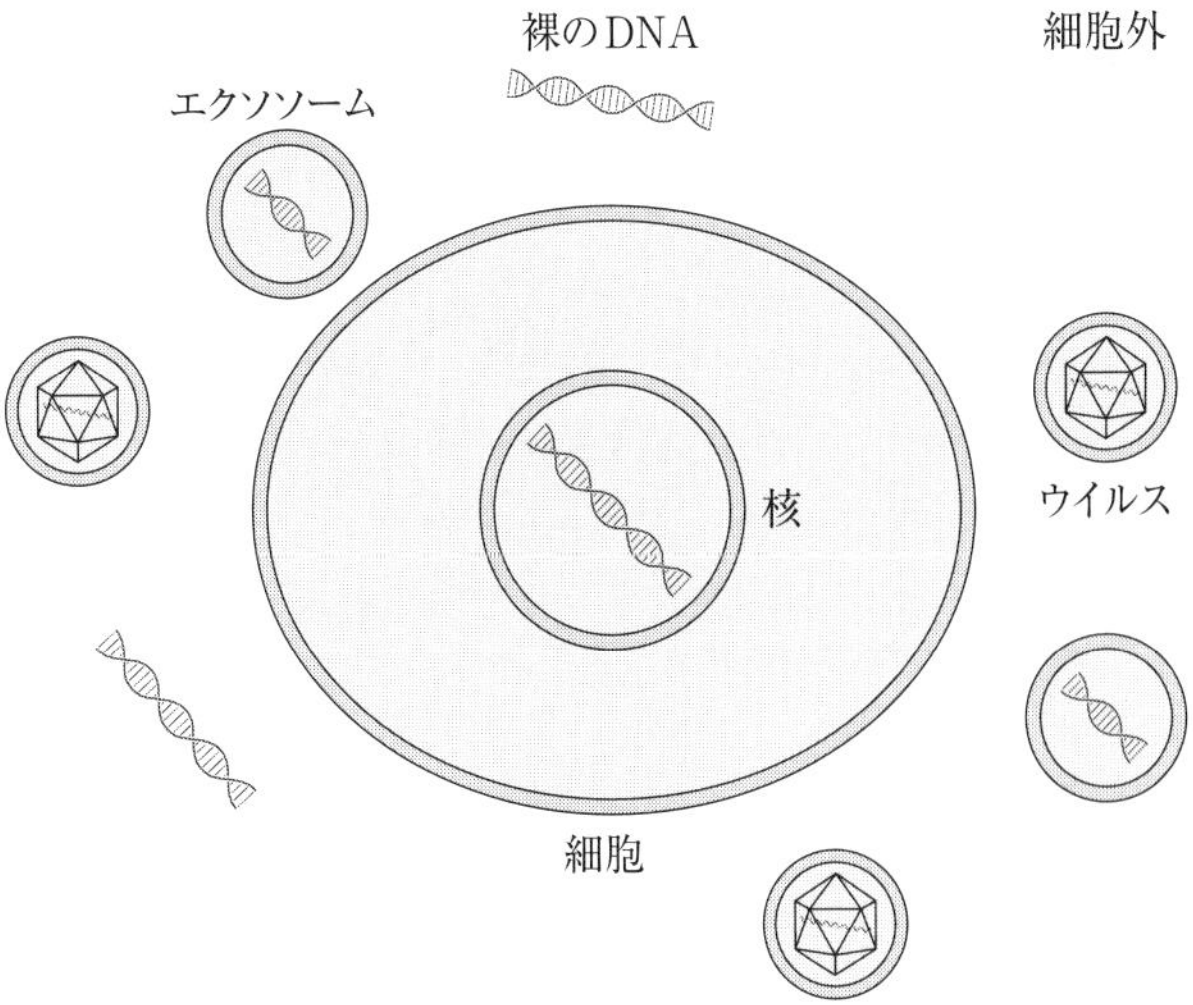

図7-3 いろんなところにあるDNA

わない。

地球環境中に無数に存在する微生物の、その「外」にあるということで、土壌とか水などの環境中に山ほど存在しているDNAであるという意味で、「環境DNA」という言い方もある。

厳密にいうならば、細胞とは見なされないウイルスのDNAもまた細胞外DNAであり、環境DNAであるともいえる（図7−3）。

生態学的にもきわめて重要

環境中に存在するバクテリアには、「単独でうろちょろしている」イメージがあるかもしれないが、多くのバクテリアは「バイオフィルム」という特定の構造体のよう

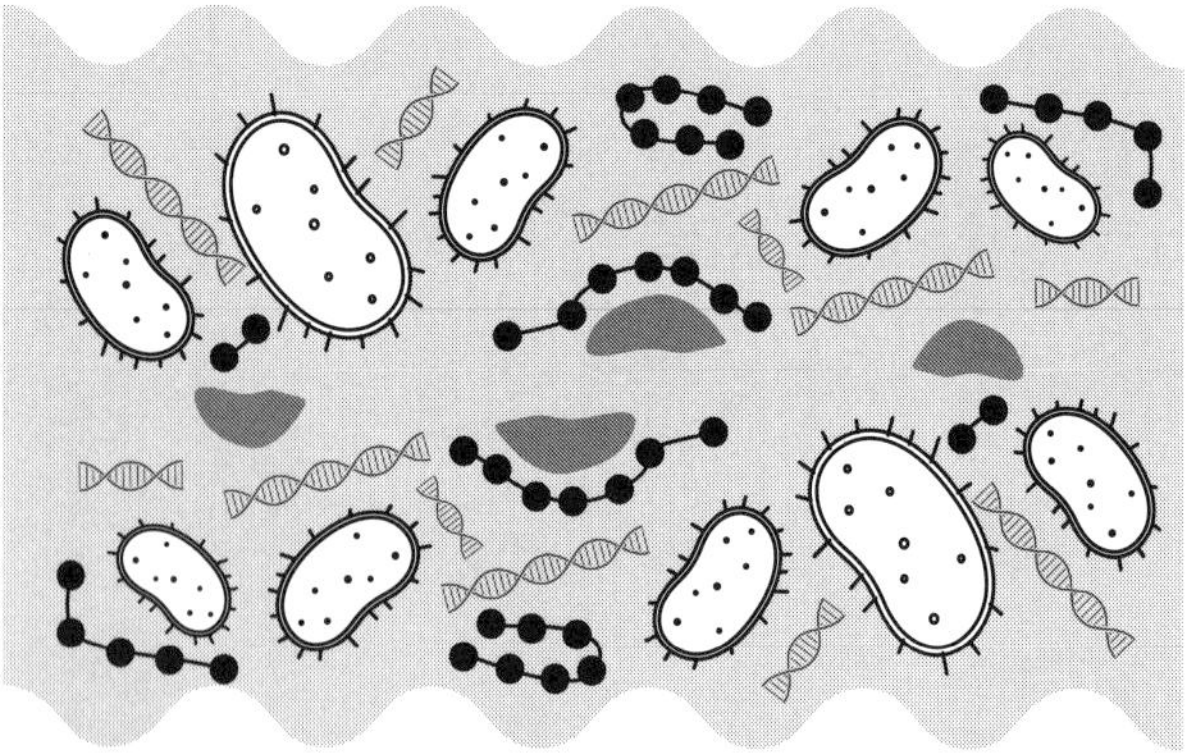

図7-4 バイオフィルムと細胞外DNA 細胞外DNAを〈足場〉とするバクテリアのコミュニティー（バイオフィルム）は、微生物と細胞外DNAがつくり出す一つの生態系なのかもしれない

なものをつくり、そこで暮らしていることが知られている。バクテリアでできた膜のようなもの、と考えていただければいいだろう。

バイオフィルムは膜状構造体だから、バクテリアの細胞だけがそこにあってももちろんダメで、「細胞外マトリクス」とよばれる、細胞がつくり出して細胞外に分泌する生体高分子が必要となる。いわば〈足場〉だ。

細胞外DNAは、こうしたバイオフィルムを構成する細胞外マトリクスとしてはたらいていることがわかっている。さらに最近では、細胞外DNAは、細胞外マトリクスへのバクテリアの吸着や、バクテリアどうしの相互作用にも重要な役割を果たしていることが明らかになってきている（図7－4）。

要するに、DNAというのは、細胞の中だけで遺伝子の本体としてはたらくのみならず、細胞の外でも、遺伝子としてのはたらきとは異なる、思いもよらない役割を担っているのだ。生物学的にも生態学的にも、きわめて重要な物質ということになる。

「DNA＝生物がもつ遺伝子の本体」は間違いか

細胞外ＤＮＡが環境中にどれだけ存在しているかを試算した先行研究がある。広島大学の丸山史人教授による研究成果である。

それによると、河川や海洋などの水圏では、一ミリリットルあたり〇・二一〜八八ナノグラム、海底の堆積物などでは乾燥重量一グラムあたり一ナノグラム〜三一マイクログラムほど存在することがわかっている。この量は、こうした環境中に棲息するすべての生物（そのほとんどは単細胞生物）がもっているＤＮＡ量の、ゆうに二五倍にも達するのだという。

ちなみに、ウイルスのＤＮＡを細胞外ＤＮＡに含めるとすると、細胞外ＤＮＡのうちおよそ二割が、ＤＮＡウイルスがもっているＤＮＡなのだという。

ここで、「うぉい！」というツッコミの声が聞こえる。「地球上のＤＮＡのほとんどは、生物の体の外にあるってことなんかい！」という声だ。

もしそうなら、「ＤＮＡ＝生物がもっている遺伝子の本体」という等式は、世界のごく一部

（つまり「生物の体の中」）にのみ通用するものであって、じつは世の中に存在するほとんどのDNAにとって、この等式はあてはまらないということになるではないか！

来歴不明

一般家庭にもよく現れる嫌われ者、GやMなどの節足動物は、思わず「どっから来たんや、オマエ！」と叫んでしまうような連中である。部屋のどこにもそんな隙間はないはずなのに、気がつくとなぜかそこらをカサカサ動き回っている姿を見て、絶叫したことがある人は多いはずだ。

巨大ウイルスを分離する目的で、環境から水サンプルをとってきて、次のような観察をおこなうことがある。どんなに小さい生物であっても通り抜けることができないフィルターを用いて水サンプルを濾過《ろか》したうえで、巨大ウイルスの宿主となる単細胞生物であるアカントアメーバに加え、しばらく経ってから顕微鏡で覗いてみると、明らかにフィルターで濾過されるはずのない大きさの微生物がクルクルと動き回っているのを見つけてしまうことがある。

そんなときも思わず絶叫する。――「来歴がわからない」ということほど恐ろしいものはないのである。

ヒトのDNA、とりわけゲノムの一セットは、すべての染色体を一本につなげた場合で、およそ三二億塩基対という膨大な長さに達する。巨大ウイルスのゲノムDNAでさえ、その長さは三四万塩基対（マルセイユウイルスの一種）から、長い場合で二五〇万塩基対（パンドラウイルスの一種）である。

これに対し、細胞外DNAの長さは、一五〇塩基対から三万五〇〇〇塩基対程度とされている。そう聞くと、「細胞外DNAってずいぶん短いんだなあ」と思えてしまう。

しかし、さすがに一五〇塩基対では難しいかもしれないが、一〇〇〇塩基対以上というのは、少なくとも一個から複数個の遺伝子、つまりタンパク質をコードする塩基配列となりうる長さではある。とはいえ、いったん細胞外に出てしまったら、そこにはタンパク質合成装置であるリボソームもないし、RNAポリメラーゼのような転写装置も存在しないから、「おら、遺伝子やで！」と自慢することはできまい。

細胞外DNAはどこから来たか

細胞外DNAはいったいどこから来たのか。その来歴については、ほとんどの読者諸賢がすでに推測しておられるだろうが、ある程度わかっている。

DNAはそもそも、自然界においてはおそらく、生物の体内（細胞内）でしかつくることができないと考えられている。DNAが細胞内でしかつくられないのだとすれば、すべての細胞外DNAは、もともとは生物の細胞内にあったDNAが、なんらかの原因で外へ漏れ出たもの、ということになる。

ウイルスが細胞に感染できずに分解され、中からＤＮＡが漏れ出たものである場合も、細胞外ＤＮＡに含まれる。

ＤＮＡが細胞外へ漏れ出る「なんらかの原因」のうち、最もよくあるのは、細胞が死んで分解される際に、細胞内のＤＮＡが外へと漏れ出てしまう場合だろう。環境中に最も大量に存在すると考えられるバクテリアなどは、それに感染するウイルス、すなわちバクテリオファージによってつねに溶菌させられているため、彼らのＤＮＡは常時、菌体の外へと漏れ出ているはずだ。また、こうした微生物が他の生物に捕食されることによっても、そのＤＮＡは細胞外に漏れ出るだろう。

さらに、バクテリアどうしが互いに遺伝子を交換する現象が知られており、その際にうっかり、「あっ！」とばかりにプラスミドなどゲノム以外のＤＮＡを細胞外に取りこぼしてしまう、といったケースも起こりうる（図７－５）。

そうした消極的な理由以外にも、バクテリアを含めて多くの生物の細胞が、むしろ積極的に、生理機能の一部としてＤＮＡを細胞外に分泌していることも知られている。

「細胞外小胞」あるいは「エクソソーム」などの名前でよばれる、膜で包まれた小胞が細胞から飛び出し、別の細胞に融合するように入り込むことで、互いに物質を輸送するメカニズムが知られており、その物質の中にＤＮＡも含まれているという。その場合、もし相手の細胞に入り損なって、先ほどのような「あっ！」という状況になったら、そのまま細胞の外でパチンとはじけ、小胞内のＤＮＡは環境中に放出されてしまうことになる。

ＤＮＡが生物の体外に放出されるのは、バクテリアなど原核生物だけからとは限らない。

たとえば、先に触れた人間たちの「カーッ、ペッ！」もそうだし、動植物たちの死体や排泄物なども、細胞外ＤＮＡの供給源となっているはずである。

細胞外ＤＮＡというのは、生物の体内から排出されるべくして排出されるものであって、逆にいえば、僕たち生物にとって、自身のＤＮＡが体外に出ていくのは〈想定内〉だということでもある。ならば、体外に出ていくＤＮＡの行方は、大いに気になるものである。

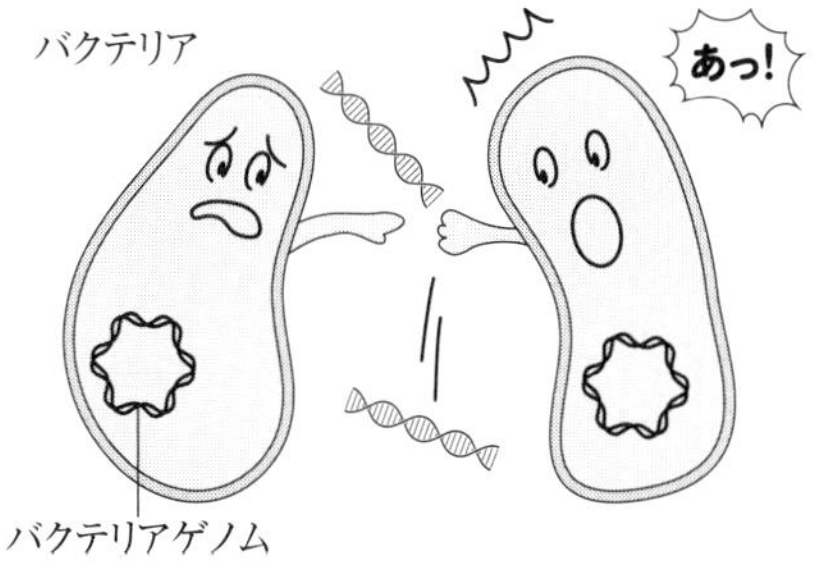

図7-5 バクテリアが取りこぼすDNA

細胞外に出た遺伝子

もし僕が自己紹介をするなら、「僕は生物学者です」とか「僕は巨大ウイルス学者です」といった感じになる。決して、

「生物学者は僕です」とか「巨大ウイルス学者は僕です」にはならない。理由は簡単で、「生物学者」というのは僕の属性であると同時に、ほかの人の属性でもあるからだ。

生物においては、「DNA」と「遺伝子」も同じ関係にあるといえる。RNAウイルスを除外すれば「遺伝子はDNAです」は成り立つが、「DNAは遺伝子です」は、必ずしも成り立たない。その傾向が特に顕著なのが、細胞外DNAだろう。

前項で述べたように、細胞外DNAの来歴の多くは、細胞の死や分解、あるいはエクソソームの取りこぼしなどに起因する「消極的な放出」であると考えられる。その場合、数ある遺伝子のうち特定のものだけを放出させるとか、遺伝子の部分だけを放出させてそのほかのDNAは放出させないとか、そういった巧妙なしくみが存在するようには思えない。

つまり、放出されるのはあくまでもDNAであって遺伝子ではないのだが、放出されるDNAの中に遺伝子が入っていることはありうる。ただし、細胞外小胞やエクソソームを利用したDNAの細胞間移動を別にすれば、放出された遺伝子は、もはや遺伝子としてのはたらきを果たすことができないのだから、「遺伝子」という名前はなんの役にも立たない。そこにあるのは、一片のDNAにすぎないということになる。

「循環する」DNA

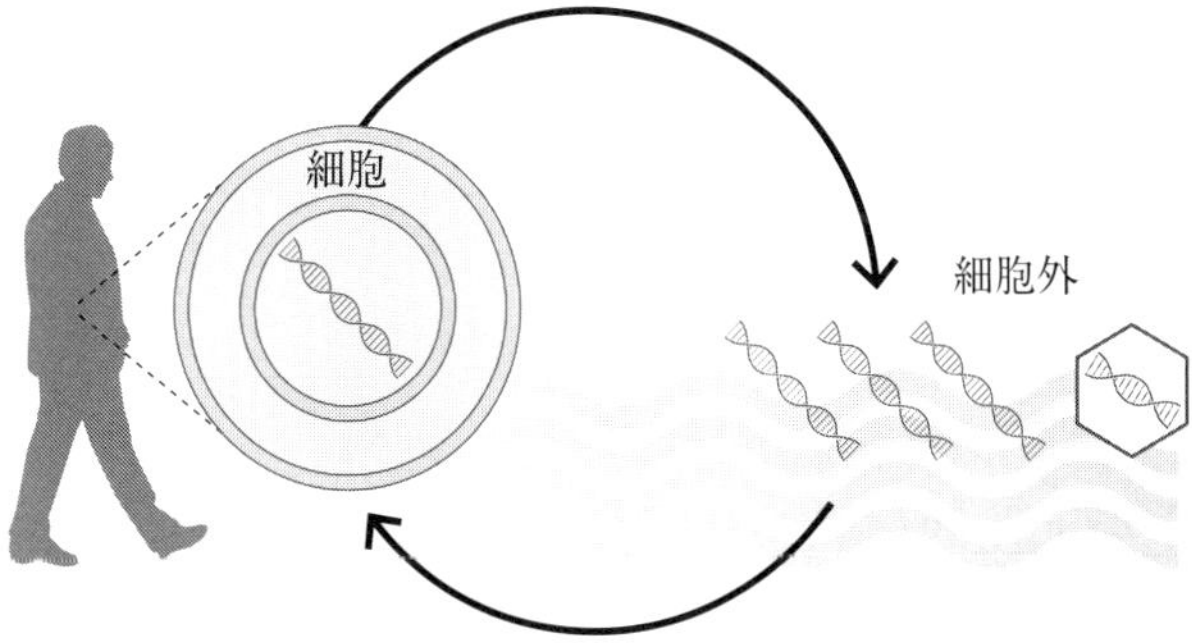

図7-6 DNAは循環する

細胞外に放出されたＤＮＡは、先述のとおり細胞外マトリクスとして使用されることがある。細胞外マトリクスとしての利用は、ＤＮＡが高分子であることの利点を活かした効率的なものといえるだろう。

しかし、放出されたＤＮＡの大部分はいずれ分解され、他の生物によって核酸（ＤＮＡもしくはＲＮＡ）の材料として利用されるものと思われる。あるいは、細胞外ＤＮＡがそのまま他の生物に取り込まれ（あるいは食べられ）、その生物の核酸の材料となる、などもありうる。

こうした場合、細胞外ＤＮＡの塩基配列自体は、ほとんど意味がなくなる。細胞外ＤＮＡの塩基配列には「もはやなんの情報も含まれていない」ということだ。だって分解されちゃうんだから。

そうしてふたたび、別の生物の中でＤＮＡとして再構築されていく。いわば「ＤＮＡの再利用」であり、ＤＮＡの〈循環〉である（図7－6）。

〝裸のDNA〟の守護者

原始地球であればいざ知らず、現在の生態系が確立した世界において、〝裸のDNA〟の立場は極端に弱い。

細胞膜のように、それを保護するものが存在しなければ、DNAはヌクレアーゼなどの酵素や紫外線、放射線などの分解圧力に、まともにさらされるからである。したがってDNAは、細胞外に出たら比較的早くに分解されるか、他の生物に再利用されるかするはずである。

だが、そのDNAが細胞膜以外の「なにか」に包まれ、保護されていたとしたらどうだろう。そうした場合、DNAはそれほど分解されずに環境中にとどまり、そこに遺伝子が含まれていたとしたら、その細胞外DNAは遺伝子としての意味を持ち続ける。

そして、次にリボソームに出会ったら、さらにメッセンジャーRNAを生産できる環境を手に入れたなら、「タンパク質をつくることができる機会を得る」という可能性を保持しつづけることになる。そのような可能性を体現している存在が、僕たちのまわりに無数にいる。「ウイルス」である。

「ウイルス」という存在

人間たちがDNAについて考えるとき、往々にして「DNAは生物のもの」という前提で話が進む場合が多い。しかし、じつは「DNAといえば、ウイルスをまず真っ先に思い浮かべるべき」というくらい、生物よりもむしろウイルスにこそ、その本質を見ることができる。

ウイルスに対するイメージは、コロナ禍を経て大きく変わった。それも、ウイルスにとって「良い方向に」ではなく、「悪い方向に」である。新型コロナウイルスやインフルエンザウイルスなどの一部のウイルスは、たしかに僕たち人間に感染症をもたらすという〝悪さ〟をする。人間たちはいつも、どのような歴史の瞬間であっても、ウイルスの存在に苦しめられてきたし、それは現在も進行形である。

僕が研究している巨大ウイルスにしても、やはり彼らにとっての宿主であるアカントアメーバの命を奪いながら増殖しているわけで、生物にとってウイルスが「毒」であることに変わりはない。彼らに「病毒」というレッテルが貼られていることも、先に見たとおりだ。

だがそれは、見方が穿《うが》ち過ぎている。

無視されてきたウイルス

生物であることの条件として、以下の三つを満たすことがよく挙げられる。

①細胞からできていること、②自立して代謝をおこなうこと、そして③自立して自己複製をお

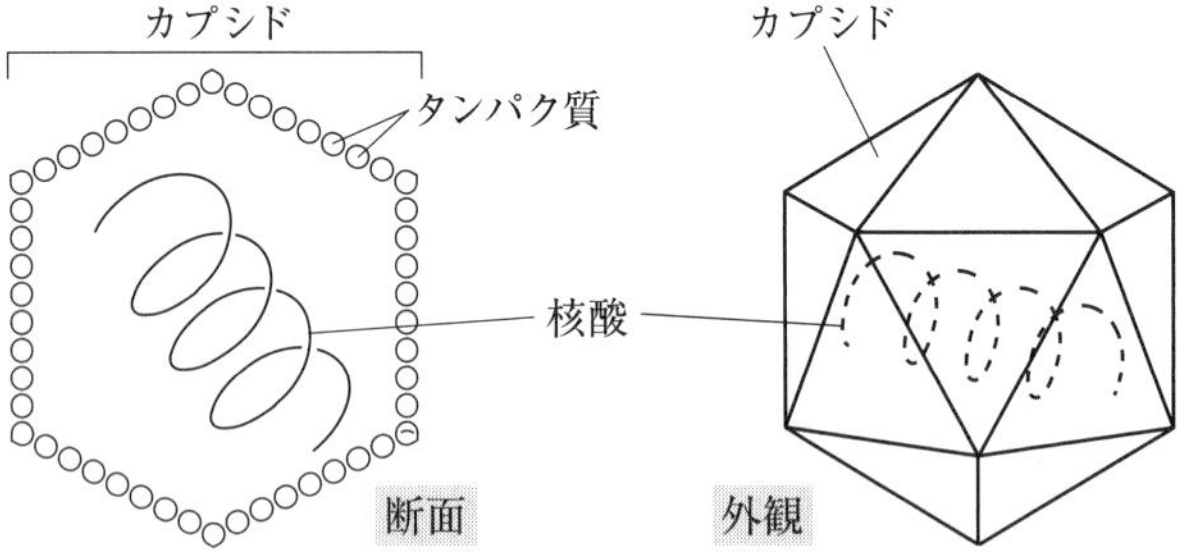

図7-7 ウイルスとカプシド タバコモザイクウイルスやエボラウイルスのように、核酸にカプシドが直接巻きついて棒状の構造体をつくるものもある

こなうこと。これがいわば、生物の定義である。

これに照らしてみると、ウイルスは細胞からできておらず、自立して代謝も複製もできないことから、いずれの条件も満たさない、すなわち「生物ではない」と見なされてきた。

その基本形は、核酸（DNAもしくはRNA）がタンパク質の殻（カプシド）で包み込まれているという、細胞に比べてきわめて単純なものである（図7-7）。加えて、生物の細胞に感染し、細胞がもっているリボソームを使って自らのタンパク質をつくるという、強烈な細胞依存性をもっている。

それゆえに、ウイルスは歴史的に生物学者からは特段の注目を集めることはなかったし、生態系における重要性もまったく理解されてこなかった。その状況は今もさほど変わっておらず、多くの生物学者やウイルス学者は、生態系におけるウイルスの重要性を理解しようとしない傾向にある。

実際、生物学の教科書を開いても、わずかばかりの病原性ウイルスと、バクテリオファージなどのバイオテクノロジーに関係の深いウイルスばかりが載っている状況だ。前者は生物にとっての〈厄介者〉として、そして後者はバイオテクノロジーの単なる〈道具〉として。

生態系における「最も重要な存在」は？

繰り返しになるが、そもそも「ウイルス」という言葉自体に〈毒〉という意味が含まれているのだから、人間たちがウイルスに対して生物学的興味をもっていないことは、ずいぶん前から周知の事実だった。

しかし、ウイルスというのは、その粒子を「個体」と見なした場合の個体数を基準にすれば、地球上の生命体における最大勢力である。たとえば、海の中のウイルス粒子だけでも、地球上のすべての生物の個体数の一〇倍以上の数が存在していると考えられている。海水中にいる生命体のDNAを蛍光物質で標識すると、そのほとんどがウイルスの存在を示す、といわれているほどだ。

赤潮の原因となる微生物は、それに感染するウイルスによってその増減がコントロールされていることが知られているし、僕たち人間の腸内に生息するバクテリアの世界「腸内フローラ」も

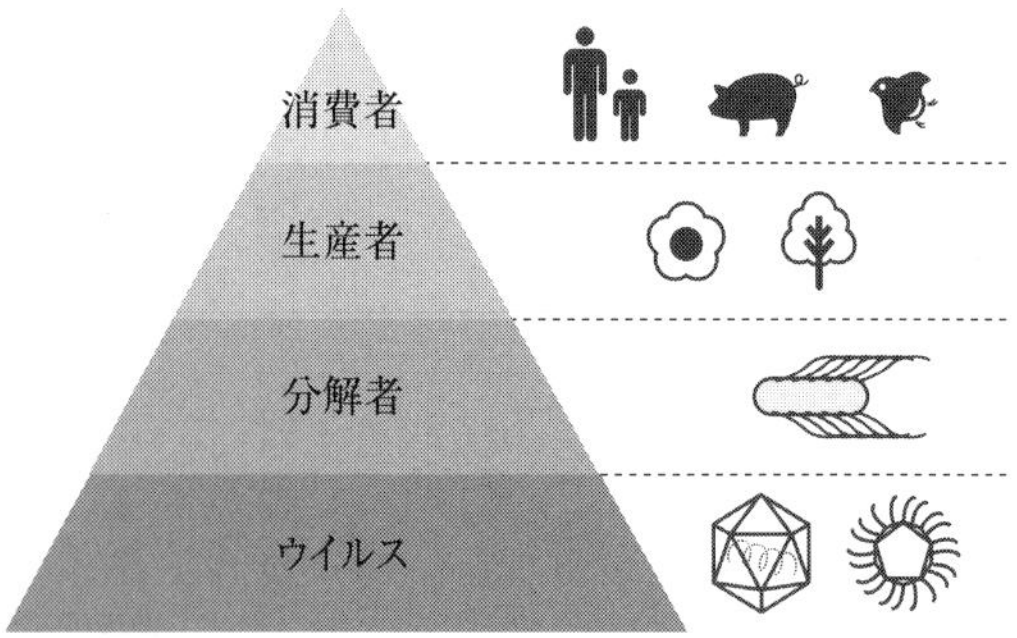

図7-8 ウイルスは生態系の重要な一員である 分解者の下にウイルスがいるというよりも、分解者、生産者、消費者のすべての階層を、ウイルスが下支えしているようなイメージである

また、バクテリアに感染するバクテリオファージの存在によって安定しているといわれている。ウイルスは、いわば生態系の最大構成員であり、生態系にとって最も重要な存在といえるのである（図7－8）。

そして今、僕たち人間を含めた生物が、かくも多様にこの地球上に存在できているのは、何十億年にもわたるウイルスとの共生関係があったからなのだ。

「生物」と「生命体」

ウイルスの〝外見〟はおどろおどろしい姿で見せられることが多いが、その中にはきわめて生物的なものが入っている。つまりＤＮＡである。

先の三条件に照らせば、ウイルスは「生物」ではない。しかし、「生命体」ではある、と僕は思っている。「生命体の定義はなんだ？」と問われると返答に困るが、ウイルスにも生物と同じように遺伝子があり、Ｄ

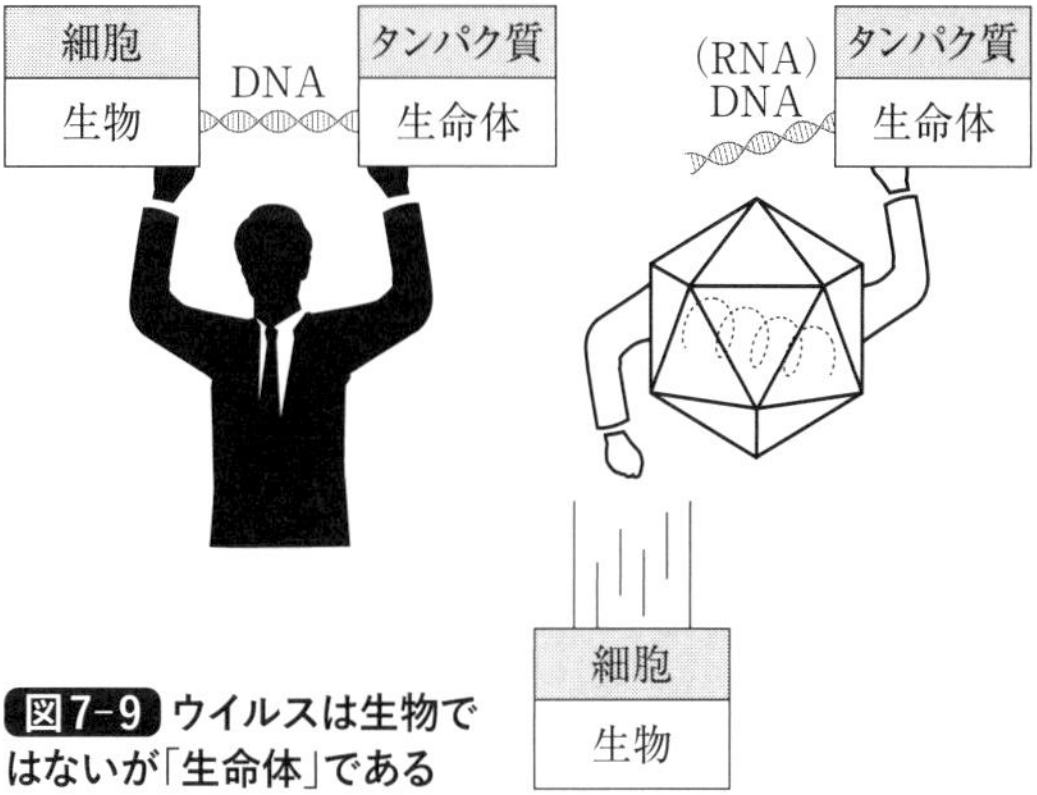

図7-9 ウイルスは生物ではないが「生命体」である

NAがあり（コロナやインフルエンザのようなRNAウイルスの場合はRNA）、生物の細胞内でしかできないという制約条件つきながら、「自己複製」をおこなうことができるからである。

たしかに「生物の定義」からは外れているが、生物がもつ本質的な「生命現象」、すなわち「自己複製」機能そのものは、ウイルスも保持していると考えられる。だから僕は、ウイルスを「生命体」と見なすのである（図7－9）。

ウイルスの起源

ここではおもにDNAウイルスについてお話をするが、簡単のため単に「ウイルス」と記すことにする。

ウイルスがなぜ、DNAをもっているのかというと、それはウイルスもまた、DNAを「遺伝子」として使っているからである。ウイルスにはさらに、自己複製するためのDNAポリメラーゼや、自己をまとうためのカプシドタンパク質などが必要であり、これら「ウイルス自身の成り立ち」や「複製」に必要なタンパク質をコードする遺伝子を、彼ら自身が保有している必要があるからだ。

だが、それはあくまでも〝結果論〟であって、いま現在、実際にウイルスがDNAをもっていることを追認したにすぎない。それよりもむしろ、ウイルスがなぜ「DNAをもつにいたったのか」ということを理解するほうが、僕たちがウイルスの理解に近づくためには重要だろう。

ウイルス学における難問の一つに、「ウイルスの起源」がある。つまり、彼らは「どこで」「どう」誕生したのかという疑問だ。

この難問については、現在もさまざまな仮説が林立している状況にある。そのなかで、最近になって比較的有名になってきたのは、「ウイルス・ファースト説」とよばれる仮説だ。

「〜ファースト」という表現は、どこかの知事が選挙のために用いはじめた言葉らしいが、ウイルス・ファースト説では、地球上に最初に誕生した生命体はウイルスであって、生物（細胞）はウイルスから進化したのではないかと考える。この説の立場からは、第3章で紹介したように、DNAもまた、もともとは生物ではなくウイルスが〈開発〉したものなのではないかと考えることも可能になる。

「元本保証」の多様性拡大

ウイルスは生物よりも自身の遺伝子を複製する機会が圧倒的に多く、突然変異もたくさん生じる。ウイルスは生物に比べ、よりたくさんの試行錯誤をしながら新しいものをつくり出す機会が多いから、RNAからDNAをつくることができた可能性がある。

ウイルスのほうが「変わる」、すなわち、なんらかのイノベーションを起こすことができる能力に長《た》けていたと考えるのであれば、RNAをベースにDNAを〈開発〉することに成功したのは生物ではなく、ウイルスであったというほうが考えやすい。しかも、ウイルスは細胞よりもゲノムサイズが小さく、「RNAからDNAへ」という激烈なるイノベーションも、ゲノムサイズが大きい細胞に比べてより起こりやすかっただろう。

〈失敗してもダメージは少なくてすむ〉からである。

生命というのは、太古の昔からこうした〈実験〉、いわば〈進化の実験〉を繰り返してきたといえる。「DNAが半保存的に複製される」という生物とウイルスに共通するメカニズムもまた、〈進化の実験〉の片棒を担いできたといえる。分子生物学者である古澤満（一九三二年〜）は、これを「元本保証の多様性拡大」とよんだ（図7-10）。

「元本保証」の意味するところはつまり、DNA複製でコピーを二つつくったときに、一方には

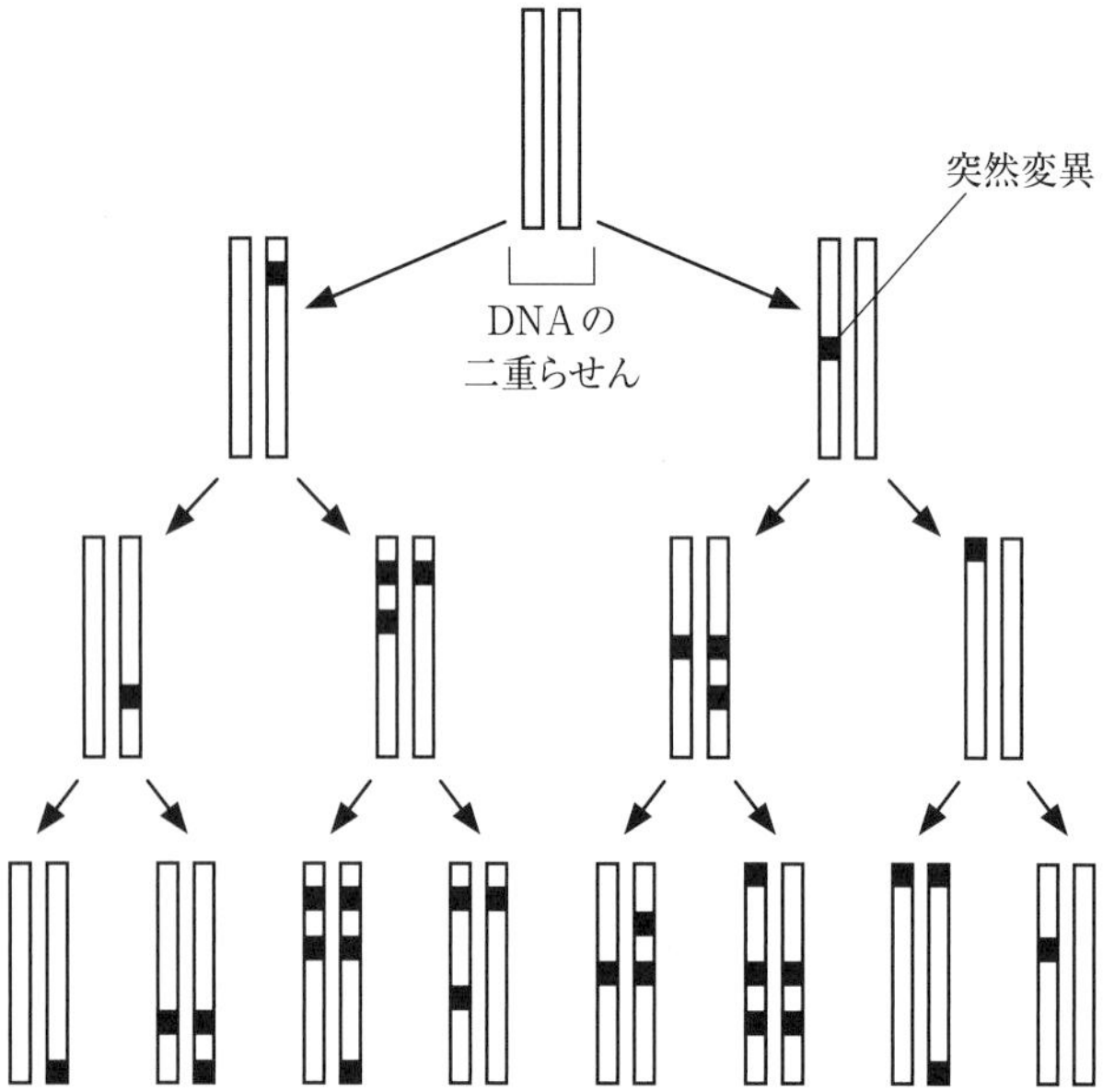

図7-10 元本保証の多様性拡大　この場合の突然変異は、複製エラーによって生じた誤った塩基の取り込みが、修復されずに固定された場合のみを想定している

突然変異が入らず、もう一方には入るというわずかな違いが生じることを指す。二本のうち一本は元が保証されるというわけだ。

そのような複製が何度も繰り返されていくことで、生物界の多様性が拡大してきたというのである。

RNAからDNAをつくるために

今から約五億四三〇〇万年前から約四億八八〇〇万年前にかけて、「カンブリア紀」とよばれる地質時代があった。その初期に「カンブリアの大爆発」として知られる多細胞生物の爆発的な種数の拡大が起こったと考えられている。「大爆発」と称されるような時期であっても、分子レベルの変異にスピード差（頻度の変化）は起きていないはずだから、当時の地球環境においては、その変異によっても生存に不利にはならないことが多かったけれども、やがて生き残るべきものは生き残り、滅びるものは滅んでいった。

このような「試行実験」は、回数が多ければ多いほど進化を促すし、それが子孫をたくさん残すことにつながればつながるほどいい。そして、より形が単純であればあるほど、実験結果を検証しやすい。そうなると、ごく単純な議論ではあるけれど、複雑な細胞より単純なウイルスのほうが、試行実験の被験者としてはふさわしいということになる。

少なくとも現在においては、RNAとDNAの違いは、その構成要素であるヌクレオチドにおいて使用される塩基の違い（RNAでは「ウラシル（U）」が、DNAでは「チミン（T）」が使われる）と、五炭糖の違い（RNAではリボースが、DNAではデオキシリボースが使われる）として説明される。

これが原始地球においても適用されるのなら、RNAからDNAがつくられるためには、チミンをつくる「チミジル酸合成酵素」と、デオキシリボースをつくる「リボヌクレオチド還元酵素」の遺伝子が、それぞれ進化する必要がある。これらを進化させるのに成功したのは、細胞ではなく、より変異機会の豊富なウイルスだったのではないか。

そうしてウイルスが〈開発〉したDNAは、宿主である細胞にウイルスが感染するうちに感染先の細胞へと〈輸出〉され、遺伝子としての安定さではRNAを格段に上回っていたDNAが、やがて細胞、そして生物のゲノムとして採用されたのではないか。

あらゆる進化理論は「仮説」

生物の進化は、もちろん現在もゆっくりと進行しつつあるが、基本的には「過去に起こった」現象である。

過去に起こったことはもはや観察することができないので、たとえ「再現性が高い」と考えられる実験結果を得たとしても、それがほんとうに「現実に起こった進化」を再現しているのかどうかを検証する術がない。だから、ほとんどすべての生物学者がそうだろうと考えるような完璧な進化理論であっても、「仮説」の域から抜け出ることはできないという実情がある。

「真核生物の起源」とか「ウイルスの起源」とかを研究する研究者は、この事実を決して忘れてはなるまい。百パーセント完全な考え方というのはありえない（なにをもって百パーセントというかという問題はあるが）。それは現在、どの生物の教科書にも載っている「細胞内共生説」であっても同じことだ。すべては「仮説」の域を出ない。いわんやウイルスの起源をや。

ウイルスの起源について考える際に最も重要なのは、現在のウイルスや生物のゲノムに存在するさまざまな遺伝子、あるいはタンパク質をコードするという意味での遺伝子以外の塩基配列を比較解析し、その塩基配列がなにに由来するのか、どこから来たのか、どの塩基配列とどの塩基配列が系統的に似ているのか似ていないのか、といったことを入念に検討することである。いわゆる「分子系統解析」といわれる方法だ。ウイルスの起源や進化に関する仮説は、これらの分子系統解析結果をエビデンス（証拠）として組み立てるべきものだ。同様のことは、生物の起源や進化に関する仮説に対してもあてはまる。

ウイルスの起源に関して、ウイルス・ファースト説の説くところは非常に興味深い。しかし、エビデンス・ベースがより強固な仮説でいえば、ウイルス（特にＲＮＡウイルス）が、太古のバクテリアがもっていたレトロトランスポゾンから誕生したとする考え方がきわめて興味深い。またまた出ました、レトロトランスポゾン。

レトロトランスポゾンのうち、特にＬＴＲ型レトロトランスポゾンとＬＩＮＥ（非ＬＴＲ型レトロトランスポゾン）は、192ページでも述べたように、自ら「逆転写酵素」の遺伝子をコードし、ＲＮＡからＤＮＡを逆転写するという芸当をやってのける存在だ。

じつは、最近のＲＮＡウイルスの研究によって、ＲＮＡウイルスの世界「ＲＮＡヴィローム」の住人たちがもっているＲＮＡポリメラーゼ（ＲＮＡウイルスのゲノムを複製する酵素）の遺伝

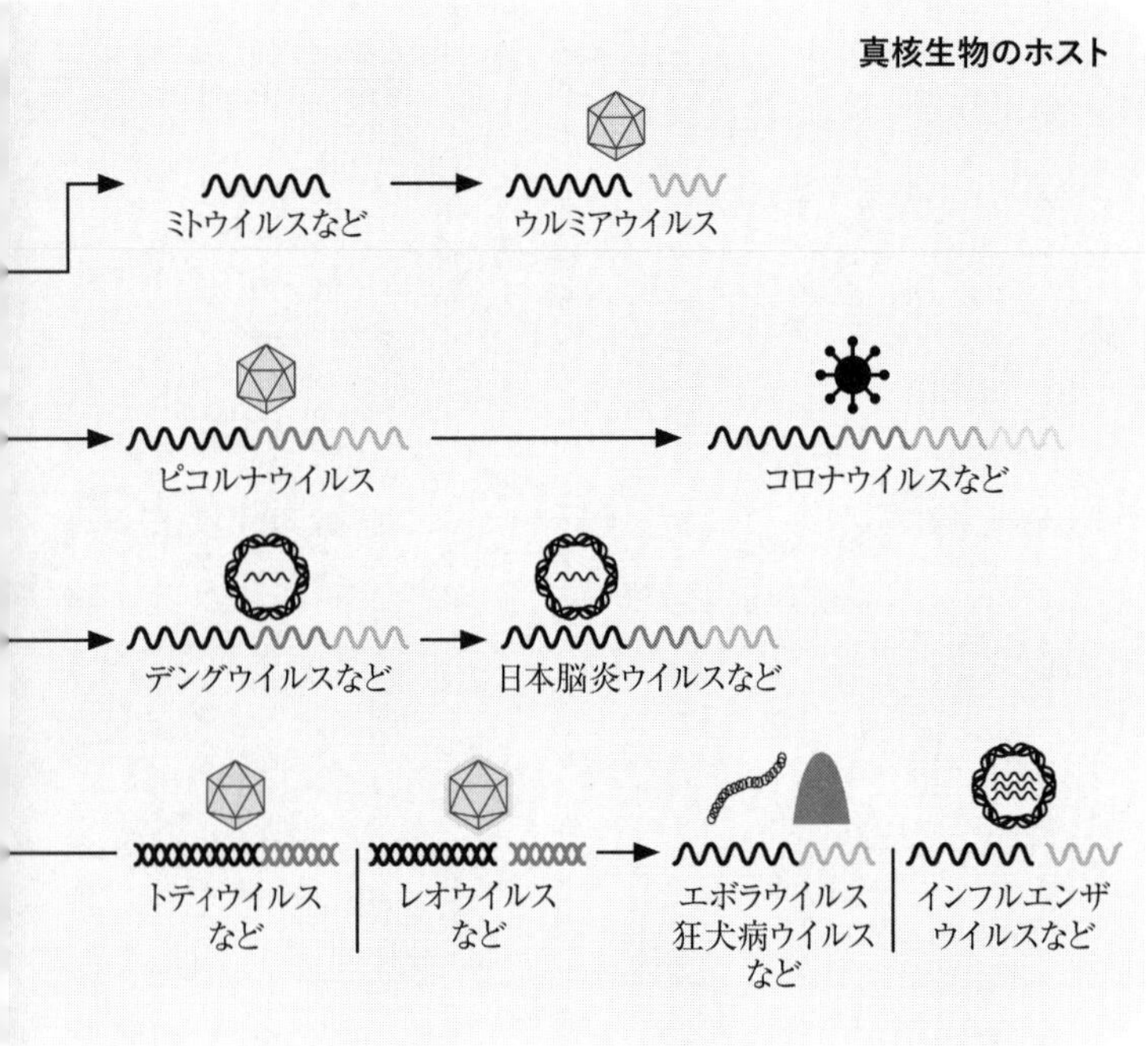

子が、この「逆転写酵素」の遺伝子から進化してできたものであることが示唆されているのである（図7－11）。

DNAの「細胞外」活動を可能にしたもの

まず、細胞の中だけで動き回っていたDNAであるレトロトランスポゾンが、自らの逆転写酵素遺伝子からRNAポリメラーゼ遺伝子を進化させた。つまり、RNAからDNAをつくる逆転写酵素、DNAからRNAをつくるRNAポリメラーゼに加え、RNAからRNAをつ

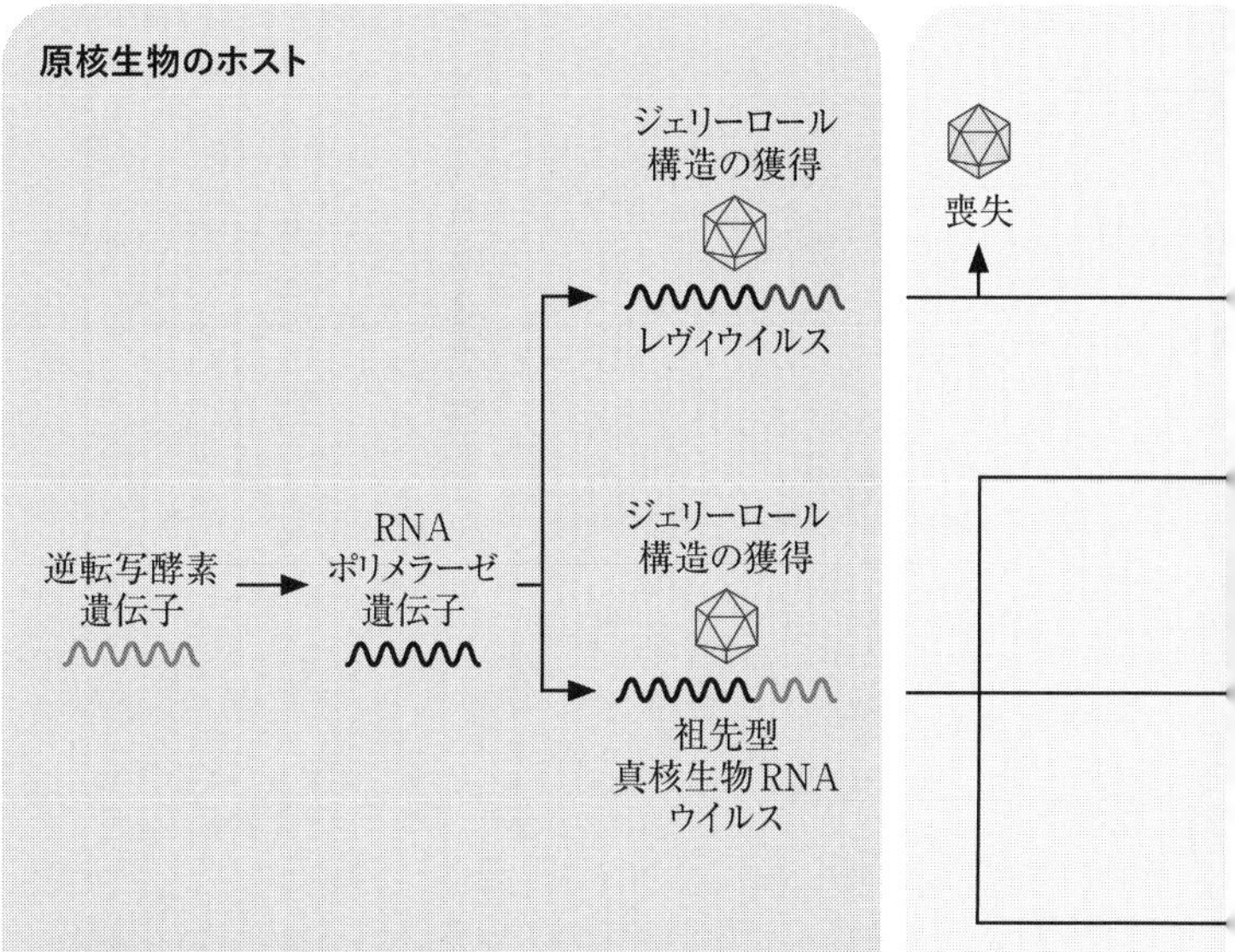

図7-11 RNAウイルスの進化
（Wolf YI *et al*. Origins and evolution of the global RNA virome. mBio 9, e02329-18, 2018より改変）

くる、すなわちRNAを複製するRNAポリメラーゼが誕生した（図7－11左）。

次に、あるいはこれと並行して、このレトロトランスポゾン（からつくられた自律的に複製できるRNA）が、細胞がもっていた「ジェリーロール構造」という特殊な構造をもった遺伝子を細胞から盗みとり、その構造を中心に据えたカプシドタンパク質の遺伝子を手に入れた。

ここでもまた、細胞の遺伝子をウイルスの遺伝子として〈転用〉するという現象が起こった。

そして、カプシドをＲＮＡゲノムのまわりに配置して保護するようにしたことで、細胞外に飛び出すことができるようになった。こうして、現在のＲＮＡウイルスが進化した（図７−11右）。別の言い方をするなら、レトロトランスポゾンからＲＮＡウイルスへの進化こそが、ＤＮＡが真の意味で機動的に動き回るようになった、すなわち「細胞外へと飛び出すようになった」その萌芽だったのではないか、ということである。

ＤＮＡ本来の性質

ＬＴＲ型レトロトランスポゾンはそもそも、レトロウイルスと同じようにゲノムに自分自身のコピーを挿入することができるしくみをもっていた。

ＬＴＲ型レトロトランスポゾンが先かレトロウイルスが先かについては、すでに述べたように議論の余地があるが、思い切っていえば、前者を「細胞の中で動き回るもの」、後者を「細胞の外へと飛び出すもの」と考えればわかりやすい。

じつは、ＤＮＡが〈開発〉された当初から、この「動き回る」という性質はＤＮＡについてまわっていた。というのも、〈開発〉された当初は、ＤＮＡはあくまでも脇役で、生命現象の中心はＲＮＡだったからである（今もそうだという側面もある）。

ＲＮＡが複製を繰り返す世界の中で、時折より安定な物質であるＤＮＡに「重要な遺伝子の保持」を託す機会が増えてきて、やがてそれが当たり前になっていった。しかし、ＤＮＡからＲＮＡへの転写は相変わらず四六時中起こっていたし、ＲＮＡからＤＮＡへの逆転写もまた四六時中起こっていた。

すなわち、ＤＮＡは最初から、ＲＮＡを介して動き回る存在だったのだ。その状態が、のちに「細胞」とよばれることになる脂質の膜で包まれた空間の中だけで起こるようになったのがレトロトランスポゾンであり、膜で包まれた空間の外に飛び出すようになったのがＲＮＡウイルス、そしてＤＮＡウイルスである、と考えることができる（191ページ図６－７参照）。

ＲＮＡからＤＮＡが〈開発〉されるとともに、細胞の外に飛び出すのはＲＮＡだけの専売特許ではなくなった。ＤＮＡもまた、細胞外に飛び出すようになって、現在のＤＮＡウイルスが進化したのであろう。

紙幅の都合上、ＤＮＡウイルスの進化の詳細はここでは述べないので、興味のある方は拙著『ウイルスの進化史を考える』（技術評論社、二〇二二年）などを参照されたい。

DNAの「水平移動」

ある生物をその生物たらしめている「遺伝子の本体」としてのＤＮＡは通常、親の細胞から子の細胞へという流れ、すなわち「遺伝の流れ」の中で移動している。親と子は「縦のつながり」

などと表現されることからもわかるとおり、「遺伝の流れ」におけるＤＮＡの移動は、「垂直移動」という言葉で表される。

ところが、ＤＮＡが移動する際には、「遺伝の流れ」に属さない流れも存在している。その流れの方向は、遺伝の流れの「縦」に対して「横」、すなわち水平である。

親から子へとは異なるＤＮＡの流れ──。それはつまり、ある生物のＤＮＡが、まったく関係のない生物（種が異なるという意味）へと移動するという流れのことであり、これをＤＮＡの「水平移動」、あるいは「水平伝播《でんぱ》」という。

ＤＮＡの「垂直移動」は、親の生殖細胞系列で複製されたＤＮＡが卵もしくは精子の中に引き継がれ、それらが受精することによって達成される。生物の教科書で学習するとおりなので、無理なく「あ～なるほど」と納得できるだろう。

しかし、「水平移動」はそうはいかない。異なる種の個体どうしが交配して子孫をつくるなどということはないわけで、だったらいったいどうやってＤＮＡが「水平移動」できるというのだろう。

ＤＮＡの盗み合い

基本的に、ほとんどのウイルスは宿主特異性が高い。宿主特異性とは、ある特定のウイルスはある特定の宿主の細胞にしか感染しないという性質のことで、いわばウイルスの世界には「俺はアンタにしか感染せえへんで」という原則があるのだ。

他方で、ウイルスには宿主に感染するたびに変異するという性質があるから、宿主特異性も少しずつ変化していく場合がある。長い年月を経て、ある生物Aに特異的に感染していたウイルスが、やがて生物Bに感染するウイルスへと変化する、ということが起こる。

これは、もともとはコウモリに感染していたコロナウイルスが変異して、僕たちヒトに感染する新型コロナウイルスになったという最近の事例を見ても、起こりうる現象である。

あるDNAが生物Aから生物Bへと水平移動することを想定したとき、このウイルス（ここではDNAウイルスであるとする）が、かつて生物Aに感染していた時代に生物Aから偶然、なんらかの遺伝子を含むそのDNAを〈盗みとった〉とする。宿主のDNAの一部を、組換えかなにかによって、ウイルスが自らのDNAを複製する際に、〈どさくさに紛れて〉組み込んだり、宿主のメッセンジャーRNAから逆転写酵素によってDNAをつくり出し、自らのDNAに組み込んだりすることによって、ウイルスは宿主のDNAを盗みとることができる。

こうして生物AのDNA、すなわち、生物Aのある遺伝子をもつようになったウイルスが、なんらかの変異を起こして生物Bに感染するようになったとき――こんどは宿主のDNAを〈盗みとる〉のではなく、逆に宿主のほうがこのウイルスのDNAを〈盗みとった〉り、あるいはウイ

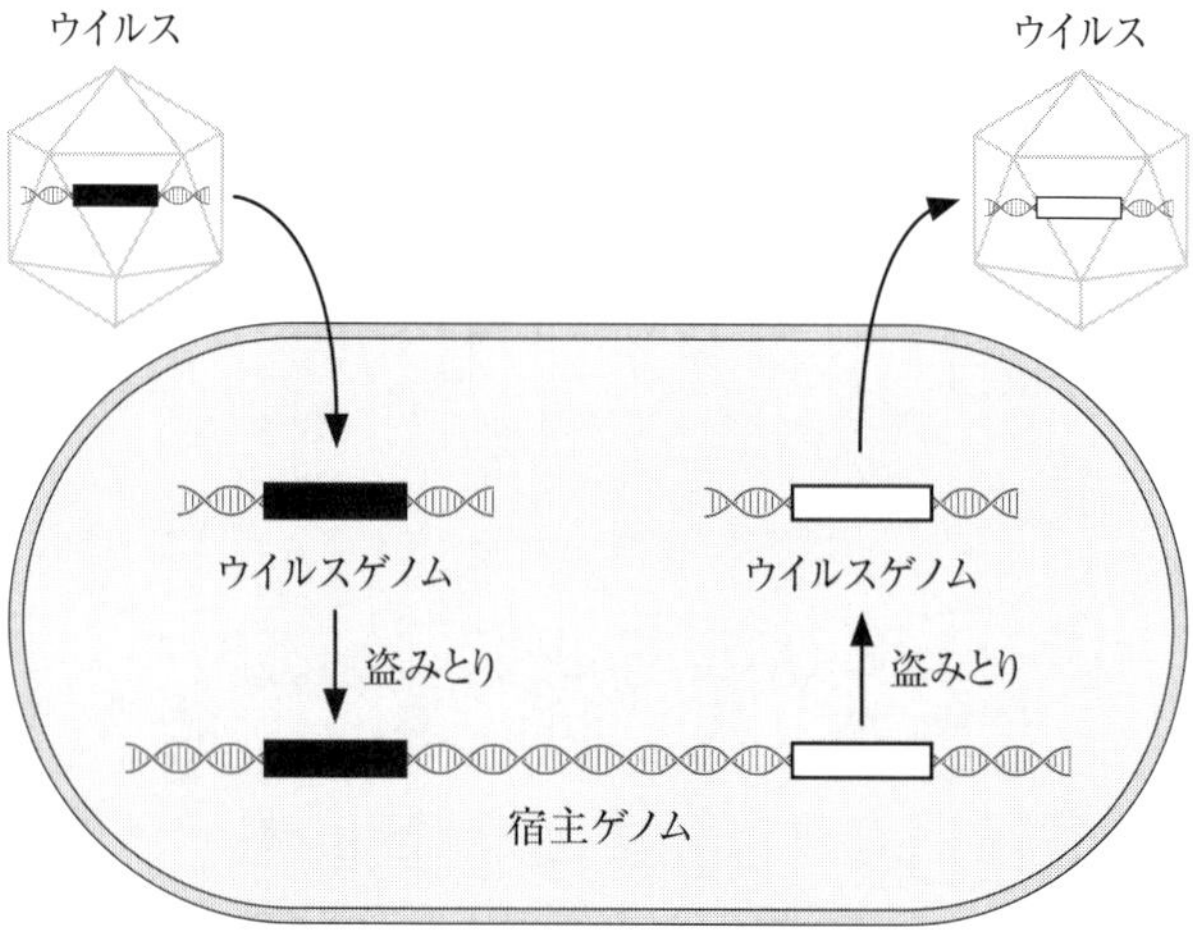

図7-12 ウイルスによる遺伝子の水平移動

ルスが自らのDNAの一部（そこに生物Aから〈盗みとった〉DNAが含まれている）を宿主のゲノムに無理やり押し込んでしまったりすることが起こるのである（図7－12）。

こうして、もともと生物Aがもっていた DNAが生物Bへと移る。すなわち、ある種から別の種へと、DNAが「水平移動」するのである。

水平移動したカマキリの遺伝子

DNAの水平移動は、生物やウイルスの進化の過程において、かなり重要な要素であったと考えられている。ウイルスから生物へ、あるいは生物からウイルスへの遺伝子の水平移動については多くの事例が存在するし、140ページで述べたメドゥーサウイルスのヒストン遺伝子もその例だろう。ある種の緑藻類に、巨大ウイルスのゲノムがまるごと水平移動していた、なんて報告もある。

また、単細胞生物では、たとえばバクテリアどうしがプラスミドを通じて遺伝子を交換することが広く知られているし、最近の研究成果では、カマキリを宿主とする寄生虫・ハリガネムシのゲノムに、カマキリの遺伝子が大量に水平移動していることが発見されている。

一方で、僕たちのような脊椎動物について、ある生物から異種生物への水平移動がかつてあったと確信をもっていえるような事例は、残念ながらあまり見つかっていない。外来遺伝子の挿入は、遺伝子の重複や融合、組換えなどと並んで、ＤＮＡの重要なふるまいの一つだから、理論的には多くの事例があってしかるべきだと思われる。今後の研究に期待がかかる分野だといえるだろう。

ＤＮＡの〈行動力〉には、まったくもって恐れ入るばかりである。

DNAはなぜ「長い歴史」を紡げたのか

本書を通じて語りつづけてきた僕のこの長い〈モノローグ〉は、僕の体力と筆力の限界とともに、そろそろ終わりを迎えようとしている。生物の一生なんてものは、ＤＮＡの長い歴史に比べるととてつもなく短い。

DNAは硬軟取り揃えた対応が可能だった

DNAはなぜ、かくも長い歴史を紡いでくることができたのだろうか？

その長い歴史の中でDNAは、RNAをコードし、タンパク質をコードして、細胞やウイルスをつくりあげる情報を保持する役割を担うようになっただけでなく、ゲノムの中で、ある場所から飛び出して別の場所に動いたり、RNAを介して大量にコピーをまき散らしたりしてきた。さらには、細胞の外にも大量にうじゃうじゃと飛び出し、なかにはカプシドという名の〈カプセル〉を通じて外へ飛び出して、他の生物の細胞のゲノムに入り込むなど、絶妙にその塩基配列をそのときどきで変化させながら拡散し、生物界とウイルス界全体に多様性の創出をもたらしてきた。

DNAは、単に「遺伝子の本体である」というありきたりの文章で説明できるような代物ではないのである。

そして今、この地球上には多様な「バイオーム（生物の世界）」と「ヴィローム（ウイルスの世界）」が花開いている。

いったいなぜ、DNAにはこの多様性の創出ができたのだろう。反対に、RNAやタンパク質、そのほかの物質には、それはできなかったのだろうか。

その答えを一言でいうなら、DNAそのものはごく単純だが、その〈取り巻きたち〉が優秀であり、さまざまな意味で〈硬軟取り揃えた〉対応が可能だったからだろう。

DNAは、彼ら〈取り巻きたち〉の力添えを得て、「ほぼ正確」に遺伝情報をコピーする巧妙なからくりを確立した。それが、「進化」をもたらす原動力となったのである。

DNAの運命を左右したもの

あらためて確認しておこう。

DNAそのものは、単なるヌクレオチドの重合体であり、単なる四種類の塩基の配列にすぎない。しかし、その四種類の塩基配列に遺伝子、すなわちアミノ酸の配列をコードするものとしての意味が生じたことから、DNAの運命の歯車が回りはじめた。単なる塩基配列にすぎなかったDNAは、生物という「細胞という袋」からできたものたちの〈設計図〉となった。

だが、〈設計図〉としてのDNAは、あくまでも「細胞という袋の中」に存在するときにのみ、意味をもつ概念であった。DNAはとうの昔から、いや誕生したその時点から、細胞から「解放」されていたのである——細胞の中で動き回るトランスポゾンや、細胞の外へ飛び出すウイルスとして。

こうしたDNAのふるまいには、いつも優秀な〈取り巻きたち〉がいた。まずは、DNAの先輩格にあたるRNA。そして、それからできたタンパク質製造装置・リボソーム。さらに彼らが、DNAポリメラーゼという、ほんの少しだけミスを犯すDNA複製酵素をつくり、複製するたびに少しずつ塩基配列を変化させるというDNA最大の、ときには芸術的とさえいえるしくみを生み出した。

さらにDNAは、逆転写酵素やトランスポザーゼ（あるいはインテグラーゼ）によって動き回ることができるようになり、カプシドという鎧を身にまとうことによって、ウイルスとして外へと飛び出すことができるようになった。

いずれの〈取り巻きたち〉も、DNAの塩基配列がコードしているから、結局はDNA自身がつくり出したかのように錯覚するかもしれない。だがそれは、結果としてDNAがコードするしくみになっただけであり、RNAもトランスポゾンも、もともとはリボザイム（酵素活性をもつRNAのこと）などを起源としている。

少なくともDNAポリメラーゼは、起源をたどっていくと逆転写酵素、そして最終的にはRN

Aワールドにおける自己複製的なリボザイムにまで行き着くのである。

DNAの「ホームタウン」はどこか?

生命の多様性あふれる現在の地球生態系において、DNAのそもそもの「居場所」はどこなのだろう。いってみれば「ホームタウン」であり、「ホームグラウンド」だ。

細胞の中?　細胞の外?　それとも……?

そもそも、DNAと生物は一蓮托生というわけではなく、生物がいなかったらDNAもまた存在しえないというわけでもない。DNAは、生物の誕生以前から地球上にすでに存在していたと考えることも可能な物質だ。

たとえば、ウイルスのように、カプシドタンパク質でできた〝保護服〟を着せた状態が存在していたというのはありうる話である。カプシドではなく、もっと柔らかい膜だったのかもしれないが、その場合は細胞の祖先が、DNAに脂質二重層という保護服を着せていたのだろう。

そして、タンパク質やRNAとともに、現在において「セントラルドグマ」とよばれる巧妙なしくみを進化させながら、DNA本人たちは細胞の中にいたり、細胞の外にいたり、ウイルスの中にいたりして、時を刻みながら塩基配列を少しずつ変化させてきた。

個々のDNAの長さを考慮しなければ、物質としてのDNAを最も多く含んでいるのは、おそらく生物ではなくDNAウイルスだ。なにしろ地球上には、生物の個体数の何十倍ものウイルス粒子が存在するからだ。その総数はまだ誰にもわからないが、少なくとも生物は「DNAのホームタウン」なんかじゃない。DNAのホームタウンは、むしろDNAウイルスなのかもしれない。

RNAから引き継いだ性質

これまで見てきたように、DNAというのはきわめて〈行動的〉な物質である。決して「図書館に陳列されている本」に喩えられるような、一つのところにじっととどまっているような存在ではない。

RNAよりも安定的だから細胞の中にじっととどまっているというイメージが先行してしまっているけれども、じつは祖先であるRNAの性質をそのまま引き継いで、世界中を縦横無尽に動き回っているのがDNAなのだ。

もちろん、生物の体の中に入っているDNAが、生物とともに動き回るというのもあるが、ウイルスの中に入って世界中を動き回り、生物から生物へと渡り歩くDNAもたくさん存在している。死んだ生物やウイルスから漏れ出し、環境中に放り出されたDNAだって、そこでバイオフィルムの形成に関与したりしているのだから、そもそもDNAは、生物やウイルスの中にいなくても〈堂々とやっていける〉物質なのである（もちろん、DNAがつくられる場は、生物の細胞内に限定されてはいるのだが）。

DNAという物質が塩基配列でできていて、その塩基配列が遺伝子としての意味をもつ以上、生物の中にいるDNAが最も〈活き活き〉しているのはまぎれも無い事実だ。今、この瞬間を切り取ってみるかぎり、先ほど「生物はDNAのホームタウンなんかじゃない」と述べた舌の根が乾かぬうちではあるが、DNAのホームタウンはやはり生物の細胞の中だと考えたほうが無難なことは確かだろう。

だが、何十億年にもわたる長い地球の歴史を縦に切り取ってみると、僕はやはり、DNAのホームタウンは、生物ではなくウイルスなのではないかと考えたい。ウイルスという、生物の細胞に感染して爆発的に増え、さらに多数の突然変異を起こす要因となるものの存在、そしてもしかしたらDNAを〈開発〉した張本人かもしれないものの存在は、DNAにとって、たとえようもなく重要な存在だったし、今なお重要だからだ。

重視するのは「全体」か「個」か

生物を進化史的な視点で見ると、個よりも全体が、つまり、個体の生き様よりも種全体にとってのメリットのほうが重視される。しかし、個々の行動を瞬間瞬間で切り取ってみると、僕たち生物は、全体よりも個を重視する生き方をする。

特に人間たちは利己主義者の集まりだ。みんな自分のことしか考えずに、自分が生きやすいような選択しかしない。たとえば、少子高齢化が問題だと思っているのは「人間社会」全体としてだけで、個々の人間たちが自分の問題としてとらえているとはとうてい思えない。

一方では少子高齢化をなんとかしなきゃといいつつ、結婚や子づくりを強制するのはハラスメントだといったような議論に終始する。これは、人間たちが「全体」ではなく「個」を重視している典型的な例だろう。

そこへいくと、ウイルスは違う。「個」よりも「全体」を考える、いわゆる「r戦略者」である。r戦略者とは、ネズミやゴキブリなど、子孫をできるだけ多く残す戦略をとる生物のことで、前述のとおりウイルスは生物ではないものの、この戦略の信奉者なのだ。

とにかく増える機会が来たら（細胞に感染するチャンスが来たら）これを逃すことなく、徹底的に大量の子どもウイルスをつくり出す。その結果、DNAウイルスの場合は大量のDNA複製が起こり、RNAウイルスの場合は大量のRNA複製が起こる。

その過程で、ポリメラーゼによる複製エラーが生じ、突然変異株がたくさん生み出される。そうして、次の細胞に感染するヤツは感染を繰り返し、感染力がなくなったヤツは消滅していく。

ウイルスは、DNAが自らの塩基配列を変えて「この塩基配列で生き残れるやろか、それとも死んでまうやろか」を検証する、〈試行実験〉の格好の場なのである。生物に比べて世代交代に要する時間がきわめて短いというウイルスの〈長所〉を、DNAは十分に活用しているようにさえ見える。

世界は「DNA」でできている

DNAは本来、生物からもウイルスからも自由な物質であるはずである。しかし、長い進化の過程で、生物やウイルスの中にいたほうが安定するし、複製もしやすかったから、現代のDNAの多くは生物やウイルスの中にいる。

けれども、生きている生物よりも死んだ生物のほうが圧倒的に多いから、そこから漏れ出た細胞外DNAのほうがたくさん存在している――ただそれだけのことなのだ。

DNAが、本来は百パーセント正確に複製される潜在的メカニズムをもっているはずなのに、複製エラーというものがときどき生じるのは、生物とは無関係に存在していた生物以前の世界、つまり、ヌクレオチドを単に鎖のようにつなげていくことが目的だった頃の名残《なごり》かもしれない。そうであるがゆえに、DNAは複製エラーによってときどき塩基配列を変え、生物を、そしてウイルスを進化させ、この多様な世界をつくることに成功したのだろう。それは、「ほぼ正確」に遺伝情報をコピーする巧妙なからくりを体得したDNAだからこそ、なせる業《わざ》だ。

DNAは基本的に自由な存在なのである。

でも、彼らにしてみれば、「細胞の中」にいるという今の地位に甘んじているほうが心地よく、生物から離れて存在するなんてのは面倒くさいのだろう。だからDNAは細胞の中にあって、日々「ほぼ正確」に遺伝情報をコピーする作業を繰り返すかたわら、ときどき「複製エラー」というミスを犯して、塩基配列の変化という、進化を促す「原動力」を少しずつ生み出しつづけている。

そのおかげで、僕たち生物やウイルスたちは、繁栄と多様性あふれる世界を謳歌している。この世はまさしく、DNAによってつくられているのである。

おわりに

生物学の内容を一般に伝える際によく問題となるのが「擬人化」である。

擬人化というのはいうまでもなく、ヒトではないさまざまな生物や細胞、ウイルス、ときには分子にいたるまでを、ヒトと同じような「意思や目的をもった存在」として表現するものである。

ヒト自身も含まれる脊椎動物を擬人化して表現することには、まだそれほど抵抗はないかもしれないが、無脊椎動物、それもかなり微小な動物や単細胞生物、ヒトの体内に存在する各種の細胞（特に擬人化されやすいのが「免疫細胞」である）や、ウイルスを擬人化して表現するのは、あらゆる側面において「目的をもたない」とされる生物の本質を考えたときに、その真の理解に関してかなりリスキーである。

細胞一個一個が、僕たち人間のように目的をもって行動しているわけはない。

たしかに、たとえばマクロファージとかキラー（細胞傷害性）T細胞とか好中球といった免疫細胞たちが、「外敵をやっつけるぞ！」という明確な意思をもっているかのように見える行動をとるのは事実である。

しかしそれは、遺伝子にあらかじめプログラムされた方法に沿って粛々と行動を起こしているにすぎないのであって、某コミックのように、そのはたらきによって赤血球に好かれたり、恋に落ちたりするなんてことは、当然ながら実際には起こらないわけだ（想像力をはたらかせたフィクションとしてはもちろん素晴らしいが）。

ＤＮＡだってそうである。

第3部のテーマは「動き回るＤＮＡ」だったが、その言い方からもわかるように、もしかしたら多くの読者諸賢がこのタイトルを見て、まるでＤＮＡが意思をもって、そして目的をもって「動いている」と思われてしまったかもしれない。しかし、ＤＮＡトランスポゾンやレトロトランスポゾンが、なにかの目的をもって〈カット&ペースト〉や〈コピー&ペースト〉をしているかというと、決してそうではない。

本文でも述べたように、彼らに目的などないのだ。あくまでも自然界の法則に則って、粛々と動いているにすぎず、その結果がたまたま僕たち人間の目にとまったがゆえに、僕たちが勝手に擬人化して「なんらかの目的をもってゲノム内を動いている」と錯覚しているだけなのである。

僕のような科学の書き物屋は、なるべく読者にわかりやすいよう、かみ砕いて説明することを目指すわけだが、そこにはある意味、葛藤がある。わかりやすく書こうとすると、どうしても擬人化に手を出したくなってしまうからだ。じつのところ擬人化は、書いてるほうも楽しいのである。

一方で、そこには正確性という面で大きな問題がある。なるべく擬人化はしないほうがよいに決まっているのだが、そうなると硬くて難しい文章になってしまう(言い訳がましくてスミマセン)。

でもやはり、「相手の身になって考える」というのは、相手を理解するためにはきわめて重要な姿勢だ。ウイルスに対する誤ったイメージが蓄積されているという現実とつねに向き合っている者としては、ウイルスの身になって考えること、そしてDNAの身になって考えることが、じつは重要だと思っている。

そうすることで、DNAの真の姿をとらえることが可能なのではないか。いや少なくとも、そこに迫ろうとするだけの材料は、手に入れることができるんじゃないか――そう思うのだ。もちろん、そのような姿勢を貫くことがなかなか簡単ではないのは百も承知なのだが。

それが本書で成就したかどうかは、読者諸賢の判断にゆだねたい。


本書は、前著『細胞とはなんだろう』に続く「なんだろう」シリーズの第二弾である。DNAは遺伝子の本体であるから、「遺伝子とはなんだろう」という意味も含まれてはいるけれども、この本はどちらかというと、複雑怪奇な遺伝子に関する考察は避けて、DNAというものの〈物質的な〉側面と、複製し、変異し、動き回るといういわゆる〈行動的な〉側面を強調して紐解いてみることにしたものである。

ＤＮＡが「遺伝子の本体」であることに変わりはないが、これまでのＤＮＡの行動を紐解いてくると、また違った側面も垣間見えてくる。従来のＤＮＡのイメージを覆すような「なにか」が、たしかにそこにあるのである。

本書ではおそらく、そのうちのほんのいくつかを紹介できたにすぎない。ＤＮＡが人類の目の前に姿を現してから、すでに一〇〇年以上が経過しているわけだが、逆にいえば、まだそれだけしか経っていないともいえる。

今後もまた、ＤＮＡの新たに発見されるであろう興味深いふるまいを通して、新たな生命の息吹を感じることができるシーンが出てくるだろう。今はそれを、ただ期待するのみだ。

この本の原稿の大部分を書いた二〇二三年は、義母と父が相次いで世を去るというプライベートな部分での不幸と、得てして同僚から嫌われ、憎まれるキャンパス教養部長という名の中間管理職についたという公的な部分での不幸が重なって、精神的にもかなり落ち込んだ年だった。

そのなかで、昔から変わらない明るさで僕の背中を押し続けてくれた妻・泉には、できうる最大の謝意をもって、お礼を述べたいと思う。彼女なくして、父の介護期間を含めたこの数年は、決して乗り越えることはできなかったし、この本を書き上げることなく諦めてしまったことだろう。

それと、まるで大きな肉塊（誉め言葉です）のように我が家に居座る三人の豆台風たち。我が家はほんとうに、妻と三人の子どもたちが守ってくれている、そう思えるこの数年間だったし、今後もそれは変わらないだろう。心から感謝したい。

最後に、本書執筆の機会を与えてくださった講談社ブルーバックス編集部の倉田卓史さんに改めて御礼申し上げて、筆を擱《お》く。

二〇二四年八月吉日

武村　政春

- 武村政春『細胞とはなんだろう』講談社ブルーバックス, 2020.
- Watanabe R *et al.* Particle morphology of medusavirus inside and outside the cells reveals a new maturation process of giant viruses. J. Virol. 96, e0185321, 2022.
- Wolf YI *et al.* Origins and evolution of the global RNA virome. mBio 9, e02329-18, 2018.
- Yoshikawa G *et al.* Medusavirus, a novel large DNA virus discovered from hot spring water. J. Virol. 93, e02130-18, 2019.
- Zhang XO *et al.* Investigating the Potential Roles of SINEs in the Human Genome. Annu. Rev. Genom. Hum. Genet. 22, 199–218, 2021.

参考文献

本書を執筆するにあたり、参考・本文に引用したおもな文献を以下に示しておく。

- ブルース・アルバーツほか『細胞の分子生物学〈第6版〉』(中村桂子・松原謙一監訳)ニュートンプレス, 2017.
- ニコラス・H・バートンほか『進化』(宮田隆・星山大介監訳)メディカル・サイエンス・インターナショナル, 2009.
- 古澤満『不均衡進化論』筑摩選書, 2010.
- 小林武彦『DNAの98%は謎』講談社ブルーバックス, 2017.
- Kornberg A and Baker TA. DNA Replication, Second Edition, University Science Books, 2005.
- 丸山史人ほか. 自然生態系における細胞外DNAの動態と遺伝子伝播. Journal of Environmental Biotechnology 4, 131-137, 2005.
- 永沢亮. 単細胞生物の細胞死—細菌は死して何を残すか?—. 生物工学会誌 99, 490, 2021.
- 野村暢彦・豊福雅典. 細菌が放つ細胞外小胞メンブレンベシクルの多様性. Drug Delivery System 36, 138-144, 2021.
- 高橋俊太郎, 杉本直己, 高圧力がDNAに及ぼす影響〜非標準構造と分子クラウディングの視点, 化学と生物 58, 477-485, 2020.
- 武村政春『DNA複製の謎に迫る』講談社ブルーバックス, 2005.
- 武村政春『生命のセントラルドグマ』講談社ブルーバックス, 2007.

【ま・や行】

【ら・わ行】

【た・な行】

【は行】

【さ行】

【あ行】

【か行】

さくいん

【人名】

【アルファベット・数字】

N.D.C.467　254p　18cm

ブルーバックス　B-2269

DNA《ディーエヌエー》とはなんだろう
「ほぼ正確」に遺伝情報をコピーする巧妙なからくり

2024年8月20日　第1刷発行

著者　武村政春《たけむらまさはる》
発行者　森田浩章
発行所　株式会社講談社
〒112-8001　東京都文京区音羽2-12-21
電話　出版　03-5395-3524
販売　03-5395-4415
業務　03-5395-3615

印刷所　(本文印刷) 株式会社新藤慶昌堂
(カバー表紙印刷) 信毎書籍印刷株式会社
本文データ制作　ブルーバックス
製本所　株式会社国宝社

定価はカバーに表示してあります。

ISBN978－4－06－536840－4

発刊のことば

科学をあなたのポケットに

二十世紀最大の特色は、それが科学時代であるということです。科学は日に日に進歩を続け、止まるところを知りません。ひと昔前の夢物語もどんどん現実化しており、今やわれわれの生活のすべてが、科学によってゆり動かされているといっても過言ではないでしょう。

そのような背景を考えれば、学者や学生はもちろん、産業人も、セールスマンも、ジャーナリストも、家庭の主婦も、みんなが科学を知らなければ、時代の流れに逆らうことになるでしょう。

ブルーバックス発刊の意義と必然性はそこにあります。このシリーズは、読む人に科学的に物を考える習慣と、科学的に物を見る目を養っていただくことを最大の目標にしています。そのためには、単に原理や法則の解説に終始するのではなくて、政治や経済など、社会科学や人文科学にも関連させて、広い視野から問題を追究していきます。科学はむずかしいという先入観を改める表現と構成、それも類書にないブルーバックスの特色であると信じます。

一九六三年九月　野間省一